NOTES SUR

LES CHAUDIÈRES

EMPLOYÉES DANS LES INSTALLATIONS

DE CHAUFFAGE CENTRAL

PAR

M. LELEUX

INGÉNIEUR

PARIS

DUNOD

92, RUE BONAPARTE (VI)

1928

NOTES SUR

LES CHAUDIÈRES

EMPLOYÉES DANS LES INSTALLATIONS

DE CHAUFFAGE CENTRAL

NOTES SUR

LES CHAUDIÈRES

EMPLOYÉES DANS LES INSTALLATIONS

DE CHAUFFAGE CENTRAL

PAR

L. LELEUX

INGÉNIEUR

PARIS

DUNOD

92, RUE BONAPARTE (VI)

1928

« Est-ce une raison parce qu'une pensée a
déjà été exprimée pour qu'à mon tour je
ne l'accueille pas, pour que je ne l'exprime
pas selon mes forces et les réactions qu'elle
a trouvées dans mon esprit. »

MARCEL ARLAND.

INTRODUCTION.

———

*Bien que la chaudière soit l'organe essentiel d'une installa-
tion de chauffage central, on ne s'attache généralement pas assez
à l'étude de ses particularités. Le choix de cet appareil est fait
instantanément par certains installateurs, sans souci des conditions de fonctionnement, de l'économie de combustible ou des
avantages que peut présenter, au point de vue technique, tel type
sur tel autre. Il est vrai que les catalogues des constructeurs de
chaudières pour chauffage central ne renferment guère de rensei-
gnements pouvant guider leurs clients. On y trouve des indications relatives à la surface, à la production calorifique, au prix,
et c'est à peu près tout. Dans quelles conditions la production
calorifique peut-elle être atteinte ? Quelles sont les caractéristiques de la chaudière ? La plupart des catalogues sont muets à
ce sujet et, pour trouver certains éléments de cette étude, nous
avons du relever des dimensions sur des chaudières existantes,
les catalogues ne les renseignant pas.*

*Quand on compare les conditions d'achat d'une chaudière
industrielle de 50 m² par exemple, à celles d'une surface équivalente de chaudières destinées à un chauffage central, on est
frappé de la légèreté avec laquelle on procède ordinairement au
choix des dernières.*

Alors que pour la chaudière industrielle on exige la garant
d'une production de vapeur donnée par kilogramme de combu
tible brûlé, des plans détaillés, etc., pour les autres, on :
contente d'ouvrir un catalogue et le choix est guidé fréquen
ment par la routine ou le bon marché.

Aussi n'y a-t-il rien d'étonnant à ce que la plupart d
procès en matière d'installation de chauffage aient la chaudiè
comme origine.

Nous avons donc pensé qu'il ne serait pas inutile de dév
lopper quelque peu la question des chaudières utilisées dans l
installations de chauffage central. C'est ce que nous avo
cherché à faire dans ces modestes notes et nous verrions av
plaisir nos lecteurs les compléter par leurs observations perso
nelles.

Bruxelles, 1927.

NOTES SUR LES CHAUDIÈRES EMPLOYÉES DANS LES INSTALLATIONS DE CHAUFFAGE CENTRAL

TYPES DE CHAUDIÈRES

On peut classer les chaudières employées dans les installations de chauffage central en deux catégories.

A. Les chaudières à grand foyer.

B. Les chaudières à magasin de combustible.

Dans les chaudières de la première catégorie, les gaz de la combustion traversent la réserve de combustible, tandis qu'ils ne la traversent pas dans celles de la seconde catégorie.

Les chaudières à grand foyer sont d'origine américaine ou anglaise. Il est à remarquer que les efforts des constructeurs français et belges se sont portés surtout vers le type de chaudière à magasin de combustible à foyer alimenté au fur et à mesure de la combustion. Cette dernière disposition répond mieux aux exigences de nos installations de chauffage et de notre climat.

A. LES CHAUDIÈRES A GRAND FOYER.

1. — CHAUDIÈRES RONDES EN FONTE.

Les petites chaudières en fonte dites « rondes » jusque 4 m² environ de surface de chauffe, sont généralement du type à grand foyer, à tirage direct, c'est-à-dire sans retour de flammes : quelques modèles présentent toutefois à la partie supérieure, quelques tubes ou chicanes creuses retardant quelque peu le départ des gaz vers la cheminée.

La surface de chauffe de certaines chaudières s'augmente par l'addition de sections horizontales, les proportions de la grille permettant habituellement l'augmentation de la surface de chauffe sans devoir modifier la surface de grille.

En effet, le rapport de la surface totale de grille à la surface de chauffe varie, dans les chaudières rondes entre 1 à 5 et 1 à 10. Leur consommation, à une allure de 12000 calories-heure par mètre carré de surface de chauffe, varie entre 15 et 30 kilos de charbon par mètre carré de surface de grille et par heure.

La capacité du foyer en combustible est généralement de 30 à 50 litres par mètre carré de surface de chauffe, ce qui est bien suffisant.

Une contenance en eau de 30 à 40 litres par mètre carré de surface de chauffe est courante dans ce type de chaudières. Ce chiffre est réduit à 10 litres dans certaines petites chaudières lancées récemment.

Nous verrons plus loin qu'une aussi faible contenance en eau peut occasionner des ruptures dans certains cas.

Dans les chaudières rondes à grand foyer, la perte de chaleur par combustion incomplète est très élevée. La surface de grille est très grande ; de plus, lorsque le foyer vient d'être rempli, le combustible se trouvant très près du départ des fumées à la cheminée, il en résulte une forte perte par celle-ci, si on ne règle pas l'ouverture du registre. Aussi n'est-il pas rare de voir passer des flammes directement dans la cheminée, si on force quelque peu l'allure. Il est prudent de ne pas longer des boiseries avec un tuyau de fumée en tôle, la température que peuvent atteindre les gaz risquant d'occasionner un incendie.

Les chaudières à tirage direct doivent donc marcher avec un faible tirage pour que leur rendement soit aussi bon que possible.

La surface extérieure de ces chaudières étant à peu près égale à la surface intérieure, il est à conseiller de les calorifuger extérieurement pour augmenter leur rendement.

Nous étudierons dans le chapitre ci-après, le fonctionnement des chaudières à grand foyer.

2. — CHAUDIÈRES SECTIONNÉES EN FONTE À GRAND FOYER.

La vogue de certaines de ces chaudières n'est pas justifiée et c'est l'économie du prix d'achat qui les fait préférer aux chaudières à magasin de combustible, dont l'emploi est tout indiqué dans un chauffage continu et régulier. L'économie réalisée sur les frais de première installation n'est rien vis-à-vis de l'augmentation de la consommation de combustible et des frais de main-d'œuvre pour la conduite d'une chaudière.

Il y a lieu de protester contre l'appellation de chaudières à magasin de combustible qu'on donne parfois, à tort, aux chaudières à grand foyer. Ainsi que nous l'avons dit précédemment, dans la chaudière à magasin de combustible, les gaz de la combustion ne traversent pas le combustible en réserve, ce qui n'est pas le cas dans les chaudières à grand foyer.

La combustion dans les chaudières à grand foyer est semblable à celle des gazogènes ; les gaz traversent une épaisse couche de combustible en ignition, ce qui occasionne la réduction de l'acide carbonique produit sur la grille en oxyde de carbone.

Nous rappelons que la combinaison du carbone et de l'oxygène de l'air peut se faire suivant deux formes représentées par les formules classiques ci-après :

$$C + 2\,O = C\,O^2 \tag{1}$$
$$C + O = C\,O \tag{2}$$

Dans le premier cas, on a fourni au combustible la totalité de l'oxygène avec lequel il peut se combiner ; on a formé de l'acide carbonique. Dans le deuxième cas, on a fourni au combustible une partie de l'oxygène nécessaire ; il y a combustion incomplète : on a formé de l'oxyde de carbone. La différence entre les deux combinaisons devient frappante sous la forme calorique. La combustion d'un kgr. de carbone dégage 8137 calories s'il brûle en acide carbonique ; elle ne dégage que 2453 calories si la combustion produit exclusivement de l'oxyde de carbone. De plus, dans une mauvaise combustion, les hydrocarbures passent dans la cheminée sans brûler. La perte occasionnée de ce fait est très importante, car on sait qu'un mètre cube de méthane (CH^4) à zéro degré et sous $760\ ^{\mathrm{m}}/^{\mathrm{m}}$ de pression dégage par combustion 10.000 calories.

D'après Izart (*Méthodes Economiques de Combustion,* Dunod, Edit.), lorsqu'on brûle du combustible sur une grille, on distingue trois zones différentes de combustion (voir fig. 1).

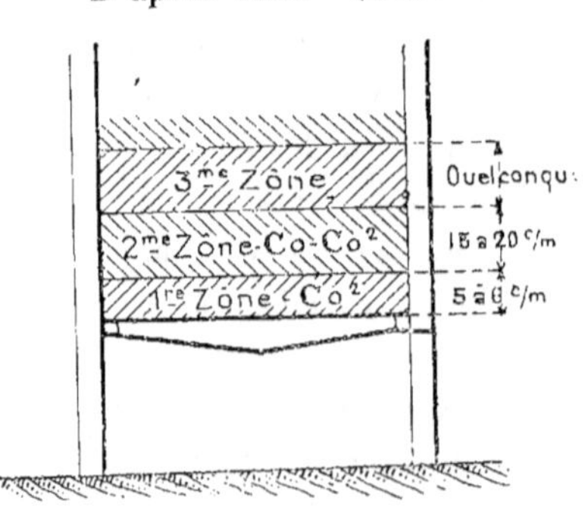

Fig. 1.

1° Une première zone de combustion proprement dite, à température élevée, où il se forme uniquement du CO^2.

2° Une seconde zone, celle de la dissociation : la proportion de CO formée varie suivant la température, la nature de combustible, etc. Cette zone est déjà plus froide.

3° La troisième zone est celle où la température est insuffisante pour donner lieu à formation de CO.

On peut vérifier la chute du rendement d'une chaudière à grand foyer au moment des chargements. La température de l'eau ou la pression de la vapeur diminue immédiatement ; CO se dégage par suite du refroidissement des parois du foyer. Les pertes par combustion incomplète augmentent notablement. En outre, comme le ciel et les parois latérales du foyer ne sont plus atteints par le rayonnement direct du combustible en ignition, l'émission diminue considérablement.

La production de CO dans les chaudières à grand foyer est connue de leurs constructeurs. Ils ont pensé y remédier en munissant la porte de chargement d'une ouverture réglable ; mais la quantité d'air qu'elle amène dans le foyer est insuffisante dans bien des cas et l'inflammation des gaz ne se fait souvent qu'à l'ouverture brusque de la porte, provoquant un dégagement de flammes pouvant atteindre le chauffeur.

On emploie généralement dans les chaudières à grand foyer des charbons de gros calibre. Les intervalles entre les morceaux sont trop grands et une partie de l'air qui circule au travers du combustible s'échappe sans avoir léché celui-ci. On a intérêt à forcer l'air à se subdiviser en veines minces et à prolonger son parcours de façon à le dépouiller de son oxygène. Cependant la limite d'épaisseur de la couche de combustible doit être assez faible pour obtenir un bon rendement et, de plus, la combustion des charbons maigres nécessite une dépression assez importante. On tourne ici dans un cercle vicieux.

Si l'on emploie du coke ou autre combustible préalablement débarrassé de ses matières volatiles, il y a avantage incontestable à augmenter l'épaisseur de la couche de combustible. Cette épaisseur peut atteindre o.8o m. avec du coke de 5o 8o.

On peut obtenir une amélioration du rendement d'une chaudière à grand foyer marchant au charbon en chargeant celui-ci sur la partie rapprochée de la porte et en repoussant à chaque chargement, vers le fond du foyer, la charge précédente. On a toujours du charbon distillé à l'extrémité de la grille, où l'air arrive plus difficilement [1], et les gaz qui se dégagent à l'avant du foyer sont enflammés à la surface du charbon incandescent qui se trouve vers le fond du foyer.

Écartement des parois du foyer. — L'anthracite et le coke employés dans les chaudières à grand foyer, brûlent avec une flamme courte et transmettent surtout leur chaleur par rayonnement. Il y a donc lieu de ne pas trop écarter les parois du foyer, surtout le ciel de foyer. Si la distance entre la grille et le ciel de foyer est trop grande, le rayonnement est moins efficace. Si la distance est trop faible, les gaz viennent trop tôt en contact avec les parois relativement froides du foyer et s'enflamment mal ou pas du tout.

La distance normale entre le combustible et la paroi supérieure du foyer est de 0,40 m. à 0,50 m. pour les charbons maigres ou anthraciteux et 0,70 m. pour le coke.

D'après de Grahl [2], les pertes par combustion incomplète des gaz dans une chaudière sectionnée en fonte à grand foyer augmentent lorsque la largeur du foyer diminue et diminuent lorsque cette largeur augmente.

Par exemple, dans les chaudières Strebel essayées par l'auteur ci-dessus, l'utilisation du combustible est moins favorable dans les chaudières étroites (600 $^{m/m}$ de largeur totale) que dans les chaudières larges (900 $^{m/m}$ de largeur totale) de mêmes surfaces : mais la production calorifique est un peu plus grande dans les premières que dans les secondes : on attribue ce fait à ce que la concentration du feu est moindre dans les foyers larges que dans les foyers étroits, à surface directe égale.

En admettant que la quantité d'air arrivant sous la grille par heure et par mètre carré de surface de grille soit la même dans les deux cas, la combustion doit être plus complète dans

---

[1] Nous avons relevé des différences notables de pertes de charge dans certains foyers de chaudières dans la proportion de 1 à l'avant pour 4 à l'arrière.

[2] *Fonctionnement économique du chauffage central*. Dunod, éditeur.

un foyer large à cause du plus grand nombre de points de passage de l'air et de la plus haute température de la couche de combustible et, par suite, les pertes par combustion incomplète sont moindres.

En outre, une petite grille ne donne pas une section suffisante lorsque le tirage est faible : lorsqu'on charge le foyer, le feu est étouffé et la température baisse dans la chambre de combustion.

L'effet utile d'une grille va d'abord en augmentant quand la surface de la grille augmente, mais il y a un maximum qu'il ne faut pas dépasser et il convient d'éviter les excès d'air.

D'après Izart, la quantité pratique d'air à introduire est de 15 m³ à 0° et 760 $^m/_m$ de pression par kgr. de coke, 13 m³ 500 par kgr. d'anthracite et 12 m³ par kgr. de houille maigre.

Disons en passant que, dans nombre de chaufferies, l'amenée de l'air au foyer est à la merci de l'ouverture d'une porte ou d'un soupirail. Beaucoup de chaudières de chauffage central ont un mauvais rendement par suite de manque d'air ou d'irrégularité dans son introduction.

Rapport entre la surface de grille et la surface de chauffe. — Le rapport entre la surface de grille et la surface de chauffe des chaudières à grand foyer varie d'un type à l'autre.

Le rapport 1 à 12, c'est-à-dire un mètre carré de surface totale de grille pour 12 mètres carrés de surface de chauffe est courant dans les chaudières sectionnées d'origine anglaise pour eau et vapeur, ainsi que dans certaines chaudières françaises. Ce rapport est de 1 à 20 à 1 à 25 dans les chaudières allemandes et américaines. Par contre, nous avons le rapport 1 : 40 à 1 : 50 dans une chaudière construite en France.

Le rapport 1 : 12 correspond à une combustion de 20 à 25 kgs d'anthracite par mètre carré de surface totale de grille et par heure. Le rapport 1 : 20 correspond à une combustion de 30 à 35 kgs ; le rapport 1 : 40 correspond à une combustion de 70 à 80 kgs et 1 : 50 à 100 kgs.

Inutile de dire que ces deux dernières proportions sont absolument exagérées pour une chaudière de chauffage central. À ce régime, la température du foyer dépassera le point de fusion des centres (environ 1200° pour les charbons maigres et le coke) et la grille sera recouverte rapidement de mâchefers collants.

Une proportion convenable entre la surface de grille et la surface de chauffe dans les chaudières à grand foyer est 1 à 20 ou 1 à 25. Le rapport 1 à 20 convient très bien pour le coke.

Nous ferons remarquer que les chaudières comportant seulement 2 à 3 sections intermédiaires présentent souvent un rapport surface de grille : surface de chauffe inférieur à celui des chaudières plus longues du même type. Cela tient à ce que les deux sections de façade ne sont pas munies de grilles, tandis que leur surface est comptée dans la surface de chauffe. Si l'on arrive, dans ce cas, à un rapport anormal, il vaut mieux choisir une chaudière d'un type plus petit, ayant plus de sections, sans toutefois tomber dans l'excès contraire.

En effet, les chaudières à trop long foyer ont souvent un rendement déplorable ; le nettoyage de la grille en est difficile : le chargement est irrégulier, ainsi que la répartition de l'air sous la grille et l'utilisation des nombreux carneaux.

Systèmes de grilles. — Dans certains types de chaudières en fonte, tant à grand foyer qu'à magasin de combustible, la grille est creuse et fait corps avec la section. Cette disposition serait très heureuse si la surface utile de la grille n'était pas trop réduite par suite de la largeur à donner au corps des barreaux et si ceux-ci étaient creux sur toute leur longueur. Malheureusement, on ne peut donner de trop faibles dimensions au noyau destiné à l'évidement du barreau et on ne peut réduire l'épaisseur des parois à cet endroit, pas plus que la section intérieure, laquelle doit permettre l'évacuation des bulles de vapeur qui se forment dans cette partie de la chaudière. Il en résulte que le rapport des vides aux pleins est souvent trop faible dans ce type de grille.

En outre, il nous est arrivé de briser des sections à grille soi-disant à circulation d'eau, de divers modèles et nous avons remarqué que la partie mouillée de la grille est très réduite (voir fig. 2).

On ne peut appeler ces grilles «creuses» et c'est à tort que leur surface totale est comptée comme surface de chauffe. Nous avons vu des chaudières sectionnées munies de grilles semblables à celles décrites ci-dessus, dont l'extrémité des barreaux était brûlée et laissait tomber le combustible dans le cendrier.

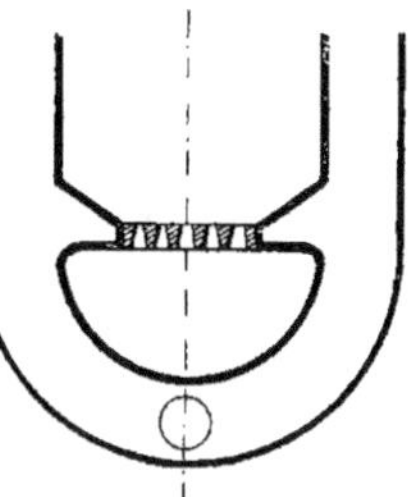

Fig. 2.
Coupe d'une chaudière dite « à grille à circulation d'eau. »

Les grilles refroidies par l'eau nécessitent l'emploi de combustibles bien déterminés comme calibre et il n'est pas possible d'en utiliser d'autres en cas de crise de gros combustibles.

Quant aux grilles oscillantes, elles ont l'avantage de présenter une grande surface libre et de permettre un décrassage commode sans ouverture de la porte du foyer ; mais, mises entre les mains de chauffeurs inexpérimentés, elles laissent passer dans le cendrier, à chaque manœuvre, beaucoup de combustible non brûlé. Cette perte de combustible représente une perte de calories égale et même supérieure au gain obtenu par l'amélioration de la combustion. En outre, des mâchefers, se calant entre les barreaux, peuvent, lors de la manœuvre de ceux-ci, provoquer leur bris. Il faut donc user de précautions dans la manœuvre de ce système de grille dont les avantages sont illusoires, surtout pour l'emploi de charbons maigres qui se délitent au feu.

Il n'y a rien de tel qu'une grille ordinaire, à grande surface libre, à barreaux minces, permettant une division rationnelle de l'air.

Contenance en eau des chaudières à grand foyer. — La contenance en eau des chaudières à eau et à vapeur en fonte, à grand foyer est de 20 à 30 litres par mètre carré de surface de chauffe.

Dans les installations de chauffage à eau chaude, la capacité en eau des chaudières a une grande importance au point de vue de la durée de la mise en marche.

Une disposition recommandée par Rietschel pour les installations destinées à être mises rapidement en régime, mais dont le refroidissement doit être lent, consiste à prévoir deux chaudières, l'une à faible volume d'eau alimentant les surfaces radiantes, l'autre formant réservoir d'eau et qu'on met en marche une fois l'installation en train, en la mettant en communication avec les canalisations.

Dans les chaudières à vapeur à grand foyer, la surface du plan d'eau ou plan d'émersion est, en général, assez large, ce qui empêche les entraînements d'eau.

D'après Debesson [1], il y a entraînement d'eau lorsque la vitesse d'émersion de la vapeur dépasse o m, o6 par seconde. Le même auteur dit : « pour que l'entraînement d'eau ne dépasse pas une proportion gênante, il faut que le plan d'eau ou d'émersion ait une surface de 0,0075 m² par kilogramme de vapeur produite ». Cette valeur correspond à environ 11 décimètres carrés de plan d'émersion par mètre carré de surface de chauffe.

La capacité en eau des chaudières à vapeur est également à vérifier, car on peut avoir un plan d'émersion suffisant, si la capacité de la chambre d'eau est faible, il se pourrait, qu'aux allures maxima, la circulation de l'eau ne se fasse pas et que des poches de vapeur se créent aux endroits du foyer où la température est très élevée.

D'où des entraînements d'eau lorsque cette vapeur émerge et parfois rupture de la section à l'endroit où se forment les poches (voir le chapitre « Causes de l'usure prématurée et de la rupture des chaudières. »).

Il faut donc éviter les espaces « morts » à l'intérieur des chaudières à vapeur et à eau chaude.

Dans ces dernières, il est nécessaire également que l'eau

---

[1] *Chauffage des habitations*. Dunod, éditeur.

réchauffée soit éloignée rapidement des surfaces de chauffe et
remplacée par de l'eau plus froide, sinon l'eau se trouvant en
contact immédiat avec les parois du foyer pourrait atteindre la
température de l'ébullition et il se formerait des poches de
vapeur.

Contenance du foyer en combustible. — La contenance en
combustible du foyer des chaudières à grand foyer varie suivant
les types. Le foyer des chaudières anglaises contient 40 à 50 litres
de combustible par mètre carré de surface de chauffe, soit environ 40 à 50 kgs d'anthracite ou 25 à 30 kgs de coke[1].

Les chaudières françaises et allemandes contiennent 20 à
30 litres par mètre carré de surface de chauffe ; soit 20 à 20 kgs
d'anthracite ou 12 à 18 kgs de coke[2]. Cette dernière capacité en
anthracite est bien suffisante pour une allure normale.

On peut appeler allure normale dans les chaudières sectionnées, une production horaire de 8000 calories par mètre carré
de surface de chauffe. Nous ne sommes pas d'accord avec les
constructeurs de chaudières qui indiquent une production calorifique normale de 10 et 12000 calories. Ces chiffres sont déduits
d'essais dont les conditions ne sont pas celles dans lesquelles les
chaudières fonctionnent habituellement. Il faut songer que
l'allure d'une chaudière dépend de trop de facteurs inconnus lors
de son calcul pour ne pas prévoir un coefficient de sécurité rai-
sonnable. Nous aurons, du reste, l'occasion de revenir sur les
conditions dans lesquelles sont exécutés les essais des chaudières
de chauffage.

D'essais effectués sur des installations en fonctionnement,
De Grahl déduit que la production maximum des chaudières
Strebel, du type à grand foyer, est voisine de 8100 calories par

---

[1] Densité de la houille, vides compris, supposée = 1.
Densité du coke industriel, vides compris, supposée = 0,6.
[2] Pour l'emploi du coke, vérifier si la capacité du foyer permet une
marche continue, sans chargements fréquents.

mètre carré et que, cette limite atteinte, la production diminue ensuite [1].

L'Association des constructeurs allemands de Chauffage a adopté depuis 1911 la base de 8000 calories par mètre carré de surface pour les chaudières à eau et à vapeur de plus de 30000 calories heure.

Carneaux des chaudières. — D'après Darcet, on doit donner aux carneaux 10 décimètres carrés de section par 30 kgs de houille brûlée par heure. Cette valeur est insuffisante pour les chaudières sectionnées présentant beaucoup de petits carneaux, en raison de leur réduction de section par la suie et de leur résistance au passage des gaz. Il convient de ne pas descendre en dessous d'un décimètre carré de section par mètre carré de surface de chauffe.

Quant à la longueur totale des carneaux, celle-ci n'a qu'une faible influence sur la diminution du tirage. Péclet a constaté qu'avec une cheminée de 30 mètres de hauteur précédée d'un carneau de 20 mètres de long et 0,25 m^2 de section, le frottement des gaz sur les parois réduisait la vitesse de ceux-ci de 1/6 seulement : ajoutant 20 mètres de carneau en plus, la réduction de vitesse était de 1/5. Une longueur de carneau de 20 mètres ne diminue donc la vitesse des gaz que de 1/30 (1/5 − 1/6). La principale raison de ce fait est que la grande résistance que l'air et les gaz éprouvent pour aller du cendrier à la cheminée est celle qui leur est opposée par le clapet de réglage de l'entrée d'air, la grille, la couche de combustible, le régistre de fumée et la cheminée elle-même.

Les résultats des essais plus récents de Hottinger confirment cette thèse. Il est donc plus important de se préoccuper de la section des carneaux que de leur longueur.

Nous parlions plus haut de facteurs inconnus qui peuvent

---

[1] De Grahl n'attribue à la nature du véhicule, eau chaude ou vapeur, aucune influence sur le rendement des chaudières d'un même type.

fausser le calcul des surfaces des chaudières. Il en est un qui est à considérer, c'est l'inégalité de la dispersion des gaz dans les carneaux. Dans les chaudières sectionnées à grand foyer à deux départs latéraux des gaz, il arrive souvent que ceux-ci empruntent le parcours présentant le moins de résistance et une notable partie de la surface de chauffe est inutilisée. On peut prétendre que la température des gaz est plus élevée dans les carneaux avantagés, mais les pertes par la cheminée augmentent considérablement et les gaz sortent à une température élevée à cause de leur grande vitesse et de la réduction du pouvoir absorbant de la chaudière dont la production est fortement réduite.

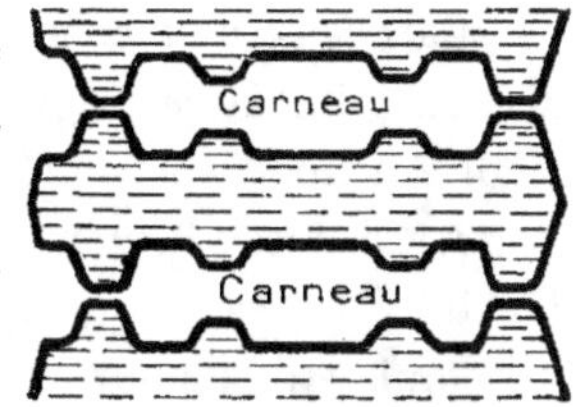

Fig. 3.

C'est pourquoi, dans les chaudières à grand foyer, la répartition judicieuse du combustible sur la grille, le raccordement des carneaux collecteurs à la cheminée et leur nettoyage doivent être surveillés avec soin, pour égaliser le tirage dans les carneaux latéraux.

Faisons remarquer, en passant, que la forme tourmentée des carneaux, présentant des saillies mouillées, assure un contact plus intime des gaz avec la surface de chauffe, permet, en outre, à celle-ci d'atteindre les veines les plus chaudes des gaz et de les canaliser (voir fig. 3).

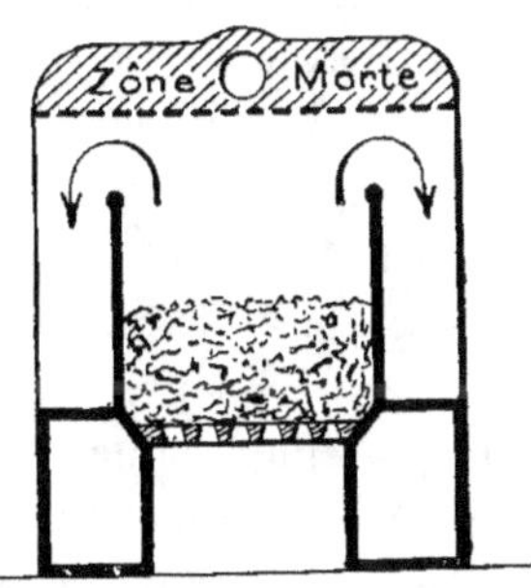

Fig. 4.

Les nervures intérieures des carneaux ne doivent toutefois pas gêner le nettoyage.

On remarque aussi dans certaines chaudières à grand foyer à deux séries de carneaux latéraux, des zones « mortes », c'est-à-dire des zones qui ne sont pas léchées par les gaz (fig. 4).

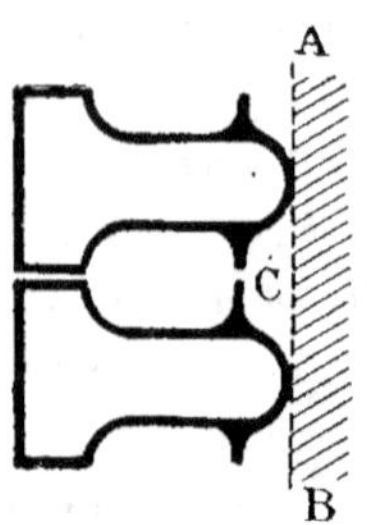

Fig 5.

L'examen d'une section de ce genre, ayant fonctionné un certain temps révèle que sur ces surfaces, aucun dépôt de suies ne s'est formé, et la limite du parcours des gaz est nettement tracée. C'est une surface appréciable dont on ne peut tenir compte pratiquement dans l'évaluation de la surface de chauffe.

Carneaux d'amenée d'air secondaire. - Dans certains modèles de chaudières à grand foyer, on a adopté pour les sections la disposition représentée en coupe horizontale par la fig. 5.

La partie AB étant supposée être la ligne limite du combustible, les carneaux C sont sensés amener de l'air au-dessus du combustible pour régulariser la marche de la chaudière. Dans certains modèles, la ligne théorique a été remplacée par une cloison en fonte (chaudières allemandes « Rapid »).

Dans la chaudière Robur, l'air secondaire est pris dans la chaufferie et réchauffé quelque peu par son contact avec la section d'avant.

Mais, dans les chaudières à grand foyer, ces dispositifs ne réalisent pas la combustion de CO et éventuellement de H_2, non brûlés, sauf lorsque la température au-dessus de la couche de combustible est très élevée, ce qui n'est pas le cas au moment des chargements, c'est-à-dire lorsque la production de CO est la plus importante. L'afflux d'air par les carneaux C ne suffit pas à transformer CO en CO^2 ; parfois aussi, l'air passe en excès par les carneaux secondaires et il en résulte une faible utilisation du combustible. Le même inconvénient peut se produire dans les chaudières rondes munies d'ondulations intérieures naissant immédiatement au-dessus de la grille.

Le réglage d'une admission d'air secondaire est impossible à réaliser pratiquement dans des conditions de fonctionnement aussi variables que celles des chaudières à grand foyer.

La section totale des carneaux d'amenée d'air secondaire ne doit pas dépasser, en tous cas, 1/35 de la surface de grille.

3. — CHAUDIÈRES EN TÔLE À GRAND FOYER.

Parmi les chaudières en tôle à grand foyer, on distingue les chaudières verticales et les chaudières horizontales.

La surface des chaudières verticales ne dépasse généralement pas 5 m². Elles sont constituées comme les chaudières en fonte du même type et présentent des tubes ou des chicanes creuses destinées à retarder le départ des gaz à la cheminée.

Les chaudières rondes en tôle sont surtout employées pour le chauffage à eau chaude. Employées comme chaudières à vapeur, elles nécessitent ordinairement l'emploi d'un dôme ou collecteur en raison de la faible capacité de leur chambre de vapeur.

Les caractéristiques de ces chaudières sont à peu près les mêmes que celles des chaudières rondes en fonte. Quant à leur rendement, nous prions nos lecteurs de se reporter à ce que nous avons dit précédemment des chaudières rondes en fonte.

Quant aux chaudières horizontales à grand foyer, elles ont été beaucoup employées et le sont encore parfois, bien qu'elles aient été détrônées par les chaudières à magasin de combustible.

Nous ne décrirons pas les nombreux types issus de la chaudière dite « en fer à cheval », dont la transmission est assez élevée, sa surface directe étant à peu près égale à sa surface indirecte. Le rendement en est assez faible, en raison de l'excès d'air ainsi que des pertes par la cheminée et par la surface conséquente de l'enveloppe en maçonnerie. Toutefois, on y brûle des combustibles moins coûteux que dans les chaudières en fonte. Ce type est très employé dans les chauffages de serres.

Le système primitif des chaudières en fer à cheval a été modifié et on y a adjoint un faisceau tubulaire, des tubes Galloways, etc., de façon à augmenter la surface indirecte et à mieux utiliser la chaleur des gaz.

Cependant la disposition du foyer n'est pas faite pour assurer rationnellement un chauffage continu et on est arrivé à munir ces chaudières d'un magasin de combustible assez vaste pour régulariser la combustion, mais on a dû recourir alors à l'emploi de charbons maigres calibrés.

Pour les grandes surfaces, les chaudières à grand foyer, construites d'après les données des chaudières industrielles peuvent être très intéressantes.

Elles permettent l'emploi de fines, grains lavés ou tout-venant, combustibles moins coûteux que les gailletins employés dans les chaudières en fonte à grand foyer.

Dans ces chaudières, du type industriel ou fer à cheval tubulaires, à grand volume d'eau, le refroidissement de la masse d'eau pendant la nuit ou pendant les chargements, est moins appréciable que dans les chaudières en fonte. Dans les chaudières à vapeur en tôle, le plan d'émersion est plus vaste que dans ces dernières et la chambre de vapeur plus conséquente, ce qui empêche les entraînements d'eau.

En résumé, nous ne conseillons les chaudières horizontales en tôle à grand foyer que pour les surfaces importantes, à marche industrielle, c'est-à-dire avec une faible épaisseur de combustible sur la grille. Elles peuvent, dans le cas où elles possèdent une grande chambre d'eau, jouer le rôle d'un accumulateur thermique aux moments de la journée où les besoins du chauffage sont plus réduits.

Nous étudierons dans le chapitre traitant des chaudières à magasin de combustible certaines dispositions communes aux deux types, notamment celle de la répartition des gaz dans les tubes à fumée des chaudières en tôle.

B. LES CHAUDIÈRES À MAGASIN
DE COMBUSTIBLE.

Ainsi que nous l'avons dit dans le chapitre précédent, le système de foyer alimenté automatiquement par un magasin de combustible est employé en France depuis longtemps et, avant la diffusion du chauffage à eau ou vapeur, il était appliqué aux calorifères à air chaud.

Par la suite, ce genre de foyer, dont les avantages étaient reconnus depuis longtemps, fut appliqué aux chaudières verticales et horizontales en tôle. Puis, les chaudières en fonte d'origine américaine et anglaise, à grand foyer, furent introduites en France. Néanmoins, malgré le prix réduit de ces chaudières, celles à magasin de combustible ne virent point leur vogue diminuer et la description de leurs avantages permit souvent aux installateurs employant ce type de chaudière, d'enlever des affaires à leurs concurrents prévoyant des chaudières à grand foyer.

En Allemagne, où on ne construisait auparavant que quelques chaudières à magasin de combustible (types Hilden, Koerting, Kaeferlé) on voit, à présent, les firmes qui construisaient des chaudières à grand foyer, telles que Strebel, Lollar, National, reconnaître la nécessité de fabriquer des chaudières à magasin de combustible.

Et, en effet, il faut admettre que la combustion se fait plus rationnellement dans les chaudières à magasin que dans les chaudières à grand foyer. Le charbon ne descend sur la grille et n'entre en ignition qu'au fur et à mesure de la combustion. Le réglage de la pression ou de la température est facilité de ce fait.

Leleux. — Chaudières.

La perte de charge de l'air au travers du foyer est plus réduite que dans les chaudières à grand foyer où les gaz doivent traverser toute la masse de combustible.

Le magasin de combustible. — Le magasin de combustible doit être assez haut et conçu de façon à ce que le combustible ne distille pas avant d'arriver dans le foyer. Il existe certaines chaudières à magasin dans lesquelles la réserve de combustible entre en ignition en raison du peu de hauteur du magasin ou de communication entre le magasin et les carneaux par les joints mal mastiqués des sections.

Le couvercle de la trémie ou la porte de chargement doivent être absolument hermétiques pour éviter de créer une circulation d'air au travers du magasin, ce qui peut amener la combustion du combustible qui s'y trouve.

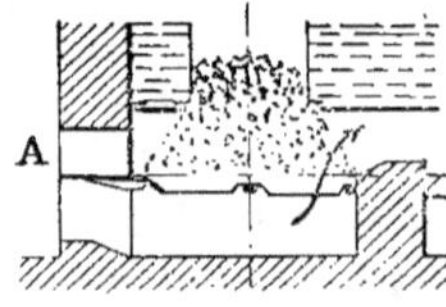

Fig. 6.

Dans certaines chaudières verticales, le chargeur central est constitué par un simple cylindre en fonte placé au milieu de la chaudière. Il est certain que la température élevée des gaz qui lèchent cette paroi non refroidie par l'eau provoque la distillation du combustible emmagasiné. De plus, le tube se brûle au bout de peu de temps et la réserve de combustible est réduite considérablement.

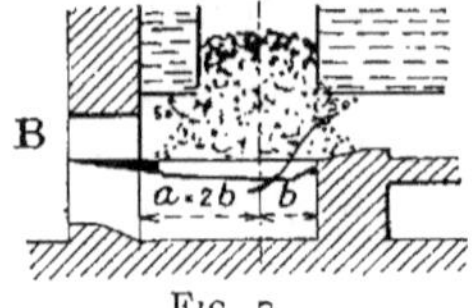

Fig. 7.

Dans les chaudières à chargeur central, celui-ci doit être séparé du contact direct des gaz par une lame d'eau.

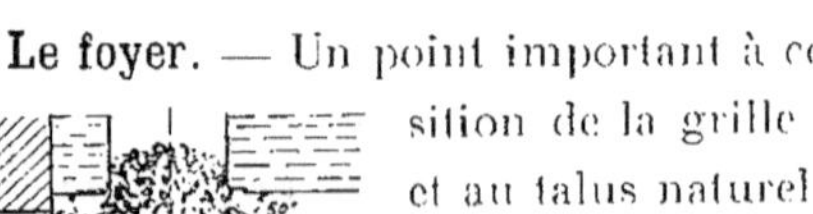

Fig. 8.

Le foyer. — Un point important à considérer, c'est la disposition de la grille par rapport au magasin et au talus naturel du combustible.

De Grahl donne diverses dispositions de la grille des chaudières horizontales à foyer en voûte (voir fig. 6, 7 et 8).

La disposition A est défectueuse. L'air suit le trajet indiqué par la flèche, suivant lequel il éprouve le moins de résistance : le combustible brûle plus rapidement en ce point de la grille et la laisse à découvert.

La disposition B présente une amélioration, mais la disposition C est préférable, car le combustible s'accumule en couche plus épaisse du côté de l'autel et la combustion est plus régulière.

En effet, lorsque des chaudières à magasin sont raccordées à une cheminée ayant un fort tirage, la quantité d'air aspirée dans la chambre de combustion au travers de la grille est trop grande, surtout si l'on emploie des combustibles de gros calibres dont la descente sur la grille et le tassement se font inégalement.

La figure 9 représente un type de chaudière en fonte sectionnée dans lequel la disposition de la grille laisse passer un excès d'air froid nuisible au bon rendement de l'appareil.

Dans les chaudières à magasin, la chambre de combustion doit être suffisamment vaste pour permettre aux gaz de se combiner, de brûler et de ne pas arriver trop rapidement au contact des parois relativement froides de

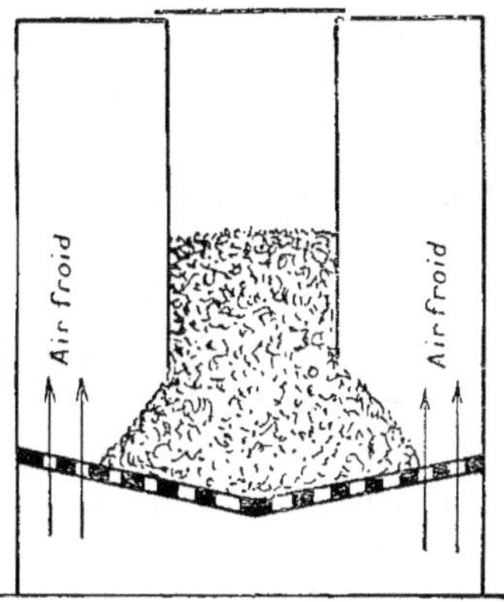

FIG. 9.

la chaudière. On a pu enflammer les gaz de la combustion dans la boîte à fumée de chaudières, le contact des parois et des tubes les ayant tellement refroidis que l'oxygène et les gaz combustibles se trouvaient en présence sans s'être combinés.

Nous insistons sur la nécessité d'une grande chambre de combustion et nous rappelons que, dans une chaudière, il faut réaliser d'abord la combustion aussi complète que possible, avant de chercher à opérer le chauffage.

La combustion a, en effet, pour but de développer de la

chaleur ; le chauffage, de la répartir sur les différentes surfaces de chauffe et de la transmettre à l'eau. Ces deux fonctions, combustion et chauffage, sont incompatibles et directement opposées, puisqu'un abaissement de température arrête la combustion ; elles doivent donc s'opérer dans des endroits différents et se faire successivement.

Lorsque nous disons que le lieu de la combustion doit être distinct du lieu du chauffage, nous n'entendons nullement demander que ces locaux soient séparés par des cloisons. Il faut, et il suffit, que la chambre de combustion soit assez grande pour contenir les différents produits solides et gazeux de la combustion. Cette condition théorique a été bien souvent négligée dans la pratique.

Notez que cette remarque s'applique plus aux chaudières à grand foyer qu'aux chaudières à magasin de combustible, car le volume dégagé par les gaz comprend, dans les premières, non seulement le volume des gaz de la combustion proprement dite, mais aussi le volume des gaz provenant de la distillation de la grande quantité de combustible se trouvant entièrement dans le foyer. Toutefois, nous avons voulu mettre les lecteurs en garde contre la tendance qu'ont certains constructeurs de chaudières à magasin de combustible, à réduire la hauteur du foyer pour abaisser le plan d'eau des chaudières à vapeur à basse pression.

Amenée d'air secondaire. — L'amenée d'air secondaire au moyen d'orifices débouchant dans la chambre de combustion est excellente pour assurer la combustion complète et transformer en acide carbonique le peu d'oxyde de carbone qui peut se dégager dans les chaudières à magasin, surtout aux allures lentes. Il ne faut pas, cependant, que ces orifices soient de trop grande section pour éviter un excès d'air. Généralement, dans les chaudières en tôle, ces évents sont au nombre de 6 ou 8, d'un diamètre de 12 à 15 $^m/^m$ chacun ; ils prennent naissance à la surface de la calandre extérieure (chaudières verticales Grouvelle et Arquembourg, Chappée, etc.) ou dans le cendrier (système Montbard).

Rapport entre la surface de la grillé et la surface de chauffe. — Le rapport de la surface de grille des chaudières à magasin de combustible à la surface de chauffe totale est généralement de 1 à 20. Dans certaines chaudières françaises en tôle on va même jusque 1 à 12. Cette proportion n'est pas exagérée si l'on considère que la partie centrale de la grille se trouvant sous le magasin de combustible n'est qu'imparfaitement utilisée pour le passage de l'air.

Pour ce qui concerne les systèmes de grille, il y a lieu de se reporter à ce que nous en avons dit dans le chapitre « Chaudières à grand foyer ». Nous ajouterons que certaines chaudières à magasin sont munies de grilles inclinées qui assurent une meilleure répartition du combustible et une plus grande surface de grille.

Contenance en eau. — Les chaudières en fonte sectionnées à magasin de combustible contiennent 20 à 30 litres d'eau par mètre carré de surface de chauffe totale. Les chaudières en tôle contiennent 35 à 50 litres suivant les types.

Contenance en combustible. — Celle-ci est, en général, de 25 à 30 litres par mètre carré de surface de chauffe totale, quantités suffisantes pour l'allure des chaudières à magasin.

La surface intérieure du magasin de combustible ne doit pas être comptée comme surface de chauffe dans les chaudières à chargeur central. En effet, en marche normale, cette surface n'est pas en contact avec les gaz de la combustion et ne doit pas l'être. Le rayonnement du foyer ne l'atteint que si le combustible est à peu près consumé. Certains chauffeurs utilisent ce supplément de surface le matin, avant de remplir le magasin et ce, afin de monter plus rapidement en pression ou en température ; mais ce moyen ne peut donner que des résultats momentanés, car la pression baissera lors du chargement pour monter progressivement et régulièrement par la suite.

Dans une chaudière à magasin bien conduite, on doit, au moment des chargements, remplir complètement le magasin de combustible.

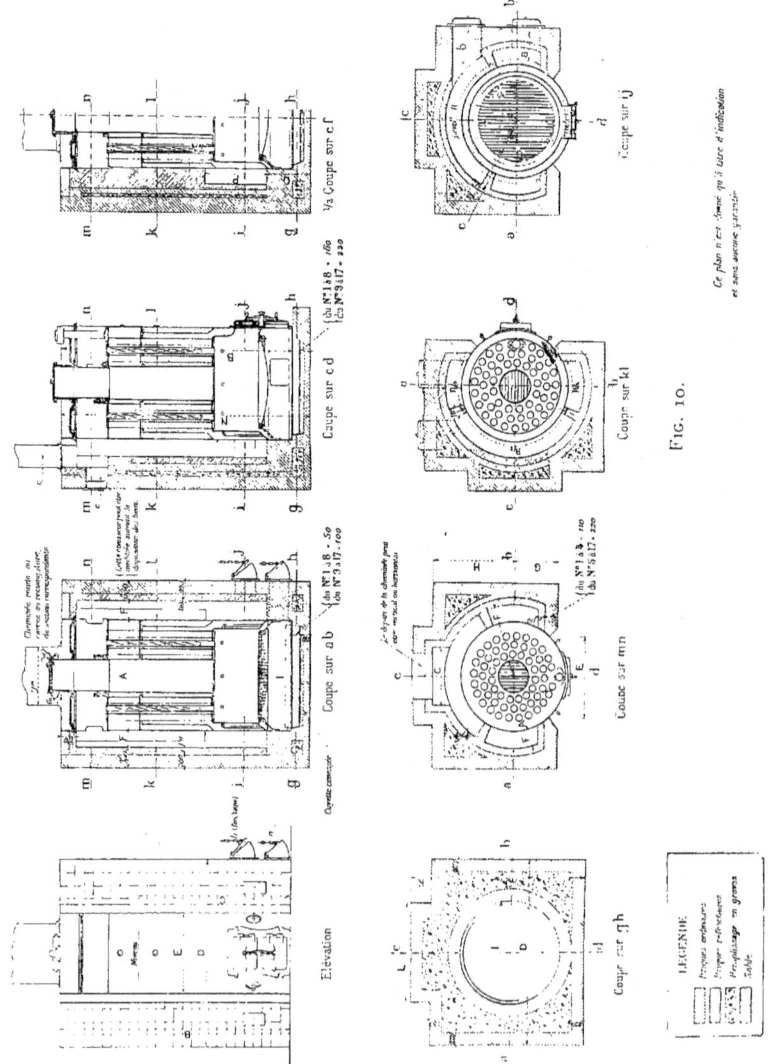

Fig. 10.

Certains installateurs entourent les chaudières verticales tubulaires à chargement central, d'une enveloppe en maçonnerie (voir fig. 10) avec carneaux dans lesquels circulent les gaz en léchant une partie de la calandre extérieure.

Nous pensons que l'économie de combustible qu'on croit réaliser par cette disposition est tout-à-fait illusoire. La perte de charge par frottement des gaz sur la maçonnerie nécessite une dépression assez forte ; de plus, le coût d'une enveloppe bien construite est très élevé. En outre, la maçonnerie est très perméable à l'air et les différences que présentent les analyses des gaz prélevés dans la chambre de combustion comparées à celles des gaz prélevés dans les carneaux, permettent de se rendre compte de la quantité d'air aspirée au travers de la maçonnerie. Pendant les allures lentes, la nuit, par exemple, la maçonnerie se refroidit et on voit apparaître de l'hydrogène dans les gaz de la combustion.

Nous estimons que le rendement d'une chaudière verticale tubulaire, bien calorifugée, dont les tubes sont munis de chicanes Howden en spirale [1] (voir les chaudières Montbard) ou de diaphragmes [2] proportionnés à la dépression dont on dispose, est équivalent, si pas supérieur à celui des chaudières maçonnées.

Emploi des diaphragmes dans les chaudières à tubes de fumée. — L'emploi de diaphragmes à la sortie des tubes est à conseiller pour augmenter le rendement des chaudières à tubes de fumée, tant horizontales que verticales.

En examinant un faisceau tubulaire, on peut remarquer (voir ce que nous avons dit au sujet des carneaux des chaudières en fonte à grand foyer) que les gaz n'utilisent qu'une partie des tubes, pour ne les abandonner que lorsqu'ils présentent trop de

---

[1] Ces chicanes sont formées d'une tôle mince ayant la largeur du diamètre intérieur du tube et ployée en hélice suivant un pas très allongé. Leur rôle est d'imprimer à la veine gazeuse un léger mouvement de rotation sur elle-même de manière à brasser les gaz en contact avec le tube.

[2] Ces diaphragmes, de diamètres variables, se placent à l'extrémité de chaque tube, dans la boîte à fumée.

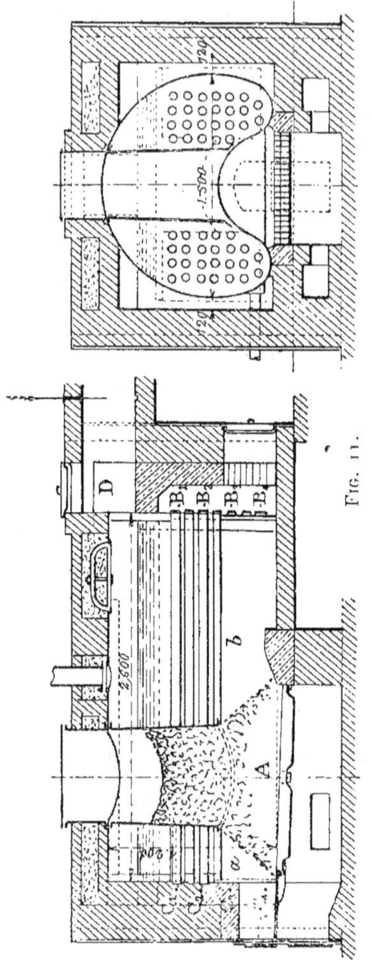

résistance par suite d'une réduction de section résultant de l'accumulation des suies.

Dans la chaudière de la figure 11, De Grahl a remarqué que les températures étaient très variables du haut en bas des plaques tubulaires.

La plus grande quantité de chaleur a été absorbée par les rangées de tubes B3,C3, c'est-à-dire par celles qui se trouvent à la hauteur du ciel de foyer, tandis qu'aux points C_1 et C_4 les gaz sortaient à une température moindre que dans le carneau et devaient être réchauffés par les autres veines gazeuses.

Dans certaines chaudières en fonte à magasin de combustible, on a muni avantageusement l'entrée des carneaux de persiennes destinées à diriger et répartir les gaz sur toute la surface de ceux-ci (voir fig. 12).

Différents types de chaudières à magasin de combustible. — Les chaudières à magasin de combustible ne diffèrent entre elles que par leur forme, leur mode de construction et la disposition du magasin de combustible. On peut les classer comme suit :

1° Les chaudières à magasin central, comprenant :

a) les chaudières verticales tubulaires en tôle (types Grouvelle-Arquembourg, Montbard, Chappée, etc.);

b) les chaudières horizontales tubulaires en tôle (types Montbard, Chappée, etc.) ;

c) les chaudières sectionnées en fonte (types Chappée, Breusseval, Prios, Phébus, Spencer, etc.) ;

2° Les chaudières à magasin en dehors du foyer ou du corps de la chaudière :

a) en tôle (types Quiès, Gérard-Bécuwe) ;

b) en fonte sectionnée (types La Gauloise, Ultra, Molby à New-York).

Le principe du foyer étant le même pour tous les types, nous n'avons pas jugé nécessaire de les examiner séparément.

Nous ne nous étendrons pas davantage sur les chaudières à magasin de combustible. Leurs avantages ne sont plus à démontrer et d'autres auteurs plus autorisés l'ont fait avant nous. Dans la préface de l'ouvrage de De Gralh, M. Debesson écrit : « Une conséquence toute naturelle de l'emploi des chaudières à magasin de combustible est le chauffage continu, de jour et de

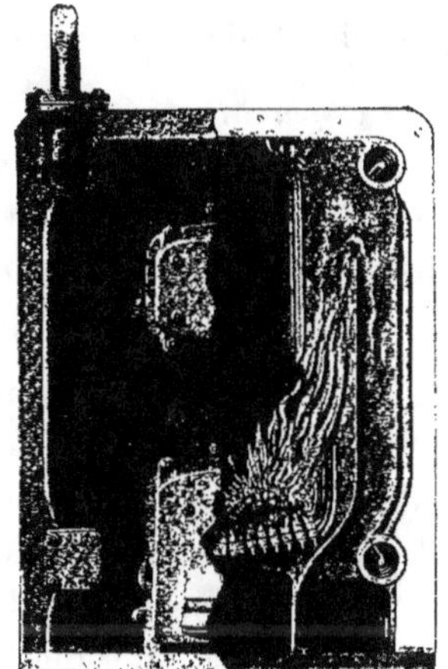

Fig. 12

nuit, sans arrêt, solution que nous avons toujours préconisée et défendue et qui oblige à l'emploi de chaudières ayant un magasin assez grand pour ne pas s'éteindre la nuit. »

En ce qui nous concerne, nous avons fait de nombreuses expériences sur des installations de toutes importances et nous sommes arrivés chaque fois à démontrer l'économie de la marche continue.

C. DISPOSITIONS COMMUNES AUX DEUX TYPES DE CHAUDIÈRES ÉTUDIÉS PRÉCÉDEMMENT.

1. — ASSEMBLAGE DES ÉLÉMENTS DES CHAUDIÈRES EN FONTE.

Les sections des chaudières en fonte sont assemblées entre elles de plusieurs manières :

1° *par nipples filetées à droite et à gauche.*

Ce système est abandonné aujourd'hui en raison des difficultés qu'on éprouve lors du démontage des sections en cas d'agrandissement ou de réparation.

2° *par brides plates*, dressées ou rainurées, avec interposition de joints, les sections étant boulonnées deux à deux. Cette disposition est d'un assemblage aisé, mais il faut que les joints soient calculés de façon à pouvoir résister à la pression statique, parfois élevée des chauffages à eau chaude.

Il faut, en outre, que la matière dont est fait le joint ne se détériore pas au contact des gaz chauds et il convient même de l'en préserver.

3° *par bagues bi-coniques.* Cet assemblage, très courant, est assez pratique, mais nécessite des précautions tant au point de vue construction de la chaudière qu'au point de vue montage.

Les logements des bagues, ainsi que ces dernières, doivent être bien calibrés. En outre, l'épaisseur de la paroi du logement de la bague doit être suffisamment forte pour résister à l'effort du coin que représente la bague. Une fonte trop sèche n'y résistera pas. Il est nécessaire que la bague soit introduite dans son logement de telle façon que l'axe du logement coïncide avec celui de la bague. On peut s'en rendre compte en vérifiant le parallélisme de la bague par rapport au bord du logement. C'est une vérification absolument indispensable pour l'étanchéité et la durée de la chaudière.

4° *par collecteurs de départ et de retour.*

Le raccordement de chaque section par brides ou mamelons à un collecteur de départ et à un collecteur de retour est de beaucoup supérieur aux autres assemblages. Chaque section travaille isolément et les différences de vaporisation ou de température s'équilibrent dans les collecteurs.

Dans les chaudières à vapeur, ces derniers font office de séparateurs d'eau et de vapeur. En outre, en cas d'accident à une section, on peut isoler celle-ci momentanément du collecteur en très peu de temps, au moyen de joints pleins ou de bouchons, en attendant la section de rechange. Malheureusement, pour des questions de prix, ce dispositif n'est adapté qu'à très peu de chaudières.

Cet assemblage est cependant le plus logique. En effet, dans les chaudières sectionnées, la circulation est assez irrégulière. Il y a vaporisation dans certains éléments des chaudières à eau chaude, instabilité du niveau d'eau dans les éléments des chaudières à vapeur : les collecteurs de départ et de retour régularisent les différentes allures des sections.

L'irrégularité du fonctionnement des sections d'une chaudière est confirmée par les résultats des expériences de Graham et de Wye Williams sur la production de la vapeur dans les chaudières dont les différents tronçons avaient tous la même surface de chauffe.

Le premier de ces physiciens mesura la production de vapeur obtenue dans une série de vases cubiques égaux placés à la file les uns des autres et se touchant ; quant à Wye Williams, il fit usage d'une chaudière cylindrique divisée en une série de compartiments égaux par des cloisons intérieures. L'un et l'autre trouvèrent que la production de vapeur diminuait suivant une progression géométrique d'une extrémité à l'autre ou d'un élément au suivant.

Pour cette raison, et pour la facilité du réglage, il est préférable de partager les grandes surfaces de chauffe en plusieurs chaudières.

2. — STABILITÉ DU NIVEAU DE L'EAU
DANS LES CHAUDIÈRES À VAPEUR

La question de l'assemblage des sections entre elles nous amène à parler de la stabilité du niveau d'eau.

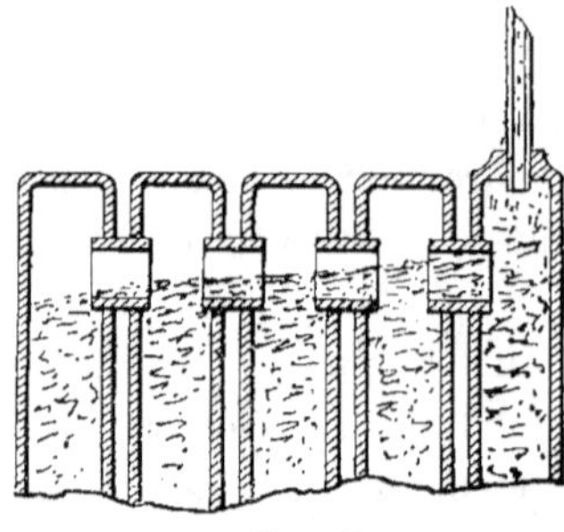

Fig. 13.

Dans les chaudières à vapeur en fonte, à sections assemblées par cônes ou joints plats sans collecteur relié à chaque section et où la prise de vapeur se fait par une ou deux sections, il se produit souvent une dénivellation d'un élément à l'autre. Les cônes d'assemblage, assurant la communication entre les éléments, sont parfois de dimensions assez faibles. En passant d'un élément à l'autre le débit de vapeur augmente chaque fois de la quantité produite par l'élément même; dans les cônes ayant tous le même diamètre, la vitesse croit très rapidement de l'un à l'autre, produisant dans chaque élément une succion de plus en plus forte qui relève successivement tous les niveaux (voir fig. 13).

Pour remédier à cet inconvénient, il suffit de multiplier le nombre de prises sur les éléments en les réunissant par un collecteur avec canalisation de purge.

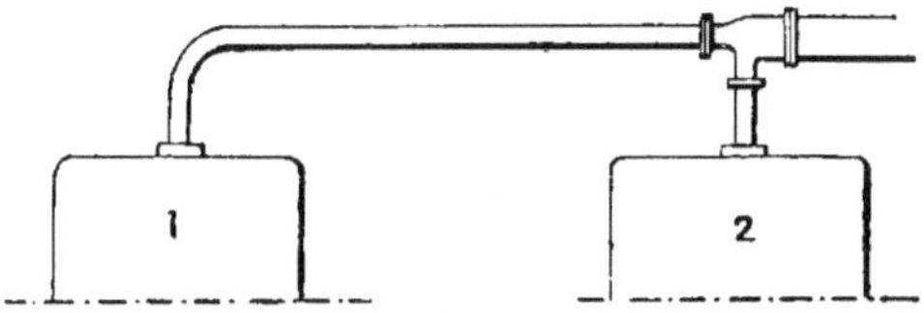

Dans une batterie de chaudières, le dénivellement peut se produire également d'une chaudière à l'autre en cas de dépressions inégales dues à un raccordement mal conçu au collecteur central des fumées, ou si le raccordement des prises de vapeur est fait de façon défectueuse; c'est ce que font ressortir les figures 14 et 15.

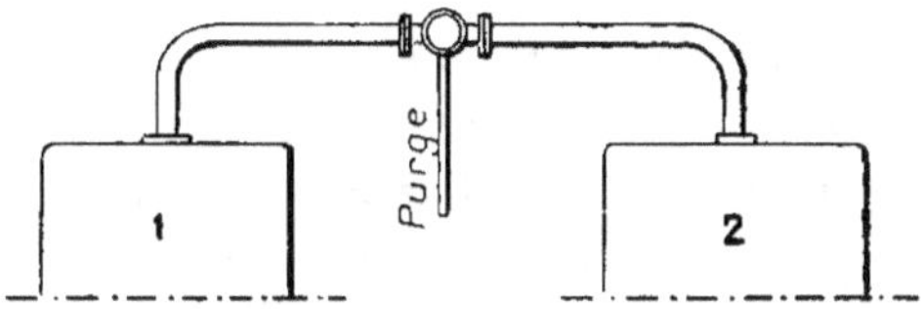

Fig. 14.

Fig. 15.

Dans la figure 14, nous avons représenté un raccordement défectueux ; la vapeur provenant de la chaudière n° 1 produit, en effet, une aspiration dans la chaudière n° 2, comme ferait un éjecteur et le niveau monte dans cette dernière.

La figure 15 représente un collecteur installé normalement. On peut aussi se contenter de donner au collecteur un diamètre uniforme calculé pour le débit total de vapeur des deux chaudières.

La section des tuyauteries de départ des chaudières ne doit pas être calculée pour une vitesse de vapeur supérieure à 5 mètres par seconde.

Ainsi que nous l'avons dit précédemment (paragraphe traitant de la contenance en eau des chaudières à grand foyer), la surface du plan d'émersion a une grande influence sur les fluctuations du niveau de l'eau.

L'instabilité du niveau de l'eau est fréquemment due à l'emploi de chaudières trop faibles. On provoque, dans ce cas, à certains moments, une production trop intense de vapeur pour la surface du plan d'émersion de la chaudière ; l'ébullition se fait d'une façon tumultueuse. Le niveau d'eau de la chaudière baisse rapidement et des quantités d'eau sont entraînées avec les bulles de vapeur dans les conduites de départ, puis dans les conduites de retour, lesquelles deviennent à ce moment insuffisantes pour écouler les eaux de condensation résultant de l'amenée de nouvelles quantités de vapeur. La marche de l'installation se ralentit, le niveau de l'eau remonte dans la chaudière, jusqu'au moment où le phénomène se reproduit.

La présence d'huile dans les chaudières est une cause assez commune de l'instabilité du niveau d'eau. Cette huile, provenant de tous les joints des chaudières, radiateurs et tuyauteries, se rassemble à la surface de l'eau et donne naissance à un entraînement vésiculaire, la densité moyenne de chaque goutte d'eau entraînée étant réduite en raison du corps gras qu'elle contient.

Les inégalités de pression résultant de la présence de l'eau dans les conduites de vapeur entravent le retour de cette eau à la chaudière, de telle sorte que le niveau peut arriver à baisser notablement dans cette dernière. La présence d'huile dans une chaudière est caractérisée par l'arrivée intermittente de la vapeur dans les conduites et les radiateurs ; on a l'impression que les tuyauteries de vapeur sont obstruées partiellement ou sont de section trop faible.

Au cours d'essais de vaporisation effectués avec de l'eau impure, il a été constaté que pour les eaux non alcalines, la présence d'un peu d'huile ou d'impuretés, telles que étoupe, asbeste, sable ou autres, n'exerce qu'une faible influence sur la production de la vapeur.

Par contre, le plus petit mélange d'huile et de sel de soude, ou encore une faible addition d'eau de savon amène une telle perturbation dans la production de la vapeur de la chaudière, qu'il est impossible de faire fonctionner l'installation, même si l'on peut se contenter d'une pression minime. Il en est de même pour les eaux alcalines avec une légère addition d'huile.

Après la première mise en marche d'une chaudière, il est bon de vider celle-ci et de la rincer à fond. Pour cela, on chauffe l'eau de la chaudière jusqu'à l'ébullition pendant environ une demi-heure. Ensuite, on laisse tomber la pression, on ouvre très lentement le robinet d'alimentation ; à la partie supérieure de la chaudière, près du manomètre ou du régulateur, on adapte un tuyau d'évacuation. Puis, tandis que l'eau froide entre par la partie inférieure et que l'eau chaude s'écoule par le haut, on maintient l'eau en ébullition pendant trois heures. Il est indispensable de vider tous les syphons et les retours noyés avant l'opération.

Ensuite, après extinction des feux, on vide la chaudière par l'orifice le plus bas. Il est bon de marcher ensuite pendant un jour ou deux en tenant la ligne d'eau un peu en dessous du niveau normal de l'eau.

Certains constructeurs recommandent d'introduire de la soude dans la chaudière. Cette méthode peut donner lieu à des mécomptes, car l'addition de soude produit une émulsion de l'eau et de forts entraînements d'eau. En outre, pour expulser complètement la soude en excès, il faut procéder à de nombreux lavages de la chaudière.

Dans un autre ordre d'idées, nous avons remarqué que la forme arrondie du plafond de la chambre de vapeur d'une chaudière sans dôme séparateur, facilite l'entraînement de l'eau,

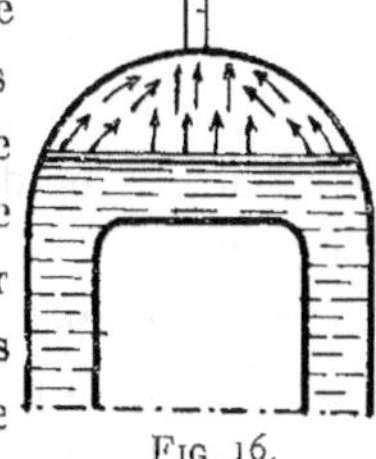

Fig. 16.

Fig. 17.

son acheminement, sans perte de vitesse vers le départ, étant facilité par la forme même de la chaudière, surtout si la hauteur de la chambre de vapeur est faible (voir 16 et 17).

Si la conduite reliant la partie inférieure du niveau d'eau à la chaudière est raccordée, soit à la conduite de retour, soit dans le voisinage d'un retour à l'endroit où il existe un courant assez violent pour produire une succion, il y aura dénivellation.

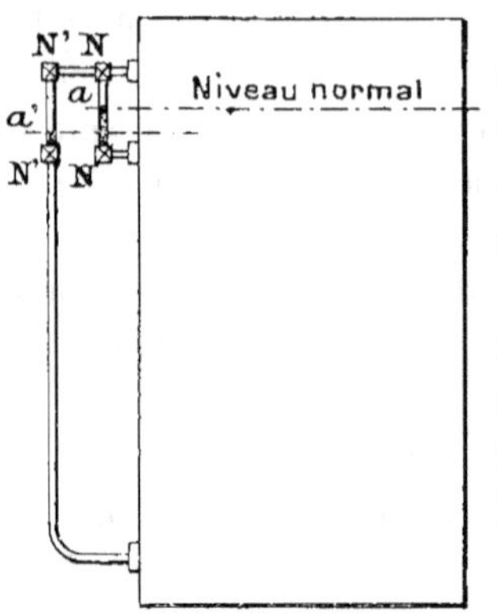

Fig. 18.

La disposition de l'indicateur de niveau d'eau est souvent défectueuse et peut donner lieu à de fausses indications. Cela peut se produire lorsque le niveau d'eau est raccordé par un tuyau dans le bas de la chambre d'eau de la chaudière. En effet, supposons deux indicateurs identiques installés sur la même chaudière comme l'indique la fig. 18.

La prise de vapeur se fait de la même façon dans la chambre de vapeur. La prise d'eau se fait pour l'un, en-dessous du plan d'eau normal et pour l'autre, à la partie inférieure de la chambre d'eau. Si l'on examine les niveaux indiqués par les deux indicateurs, on remarquera qu'ils ne sont pas les mêmes et que le niveau a' du tube N' N' est notamment plus bas que celui a du tube N N.

Ce fait est facile à expliquer. Il est évident qu'en appliquant le principe des vases communiquants à l'indicateur à tube, nous avons supposé que les liquides des deux vases, c'est-à-dire de la chaudière et du tube étaient de même densité. Or, cette condition n'est pas remplie dans la pratique. A l'intérieur de la chaudière, nous avons un liquide dont la température est, par exemple, de 102°, tandis que dans le tube communiquant avec le bas de la chaudière, nous avons un liquide dont la température est d'environ 50°.

Les densités des deux liquides n'étant pas les mêmes, les hauteurs d'eau des deux colonnes qui se font équilibre doivent être différentes.

Pour nous résumer, nous dirons, qu'indépendamment des cas spéciaux décrits ci-dessus, l'emploi d'un grand collecteur de vapeur constitue le meilleur et le plus simple remède aux entraînements d'eau et aux inégalités du niveau d'eau des chaudières à vapeur à basse pression.

3. — RACCORDEMENT DES CHAUDIÈRES AUX TUYAUTERIES.

a) **Chaudières à vapeur à basse pression.** — Nous avons conseillé dans le chapitre précédent de ne pas dépasser une vitesse de vapeur de 5 mètres dans le calcul du tuyau ou collecteur de départ de la chaudière.

L'installation d'un tuyau de purge immédiatement après le départ de vapeur de la chaudière est nécessaire.

Cette purge doit être placée aussi près que possible de la chaudière afin de réduire la perte de pression ; elle doit être raccordée directement à la chaudière et non à la conduite de retour.

Lorsque plusieurs chaudières sont placées en batterie, il est bon de relier leurs chambres d'eau entre elles par une conduite de compensation de 5o à 6o $^m/^m$ de diamètre intérieur, afin qu'une pression identique s'établisse rapidement dans les diverses chaudières.

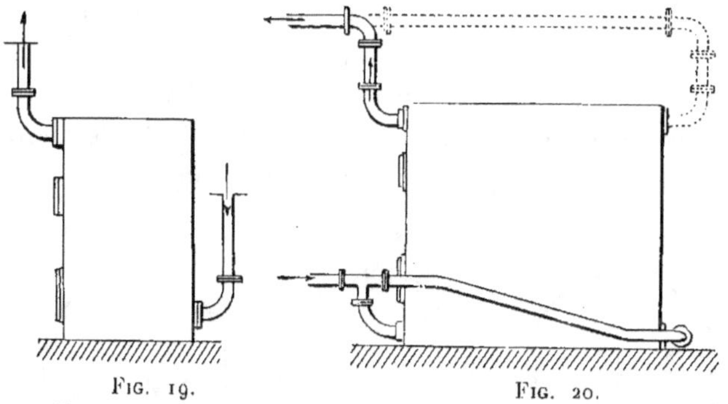

Fig. 19.   Fig. 20.

b) **Chaudières à eau chaude.** — La disposition des tuyauteries de départ et de retour d'une chaudière sectionnée est très importante. Il ne faut jamais placer le départ et le retour sur la même section, mais l'un sur la face avant et l'autre sur la face arrière de la chaudière (voir fig. 19).

Certains constructeurs de chaudières conseillent, avec raison, de diviser le retour des chaudières de plus de huit sections et de le raccorder à la fois sur la face avant et sur la face arrière. Si le nombre d'éléments dépasse la douzaine, ils recommandent de subdiviser également le départ et de le raccorder sur les deux faces (voir fig. 20).

Nous avons pu contrôler souvent le fait suivant, cité par De Grahl : « Dans une installation que j'avais à essayer, le thermomètre de la chaudière marquait d'une façon à peu près constante 75°, alors que les radiateurs n'étaient que moyennement chauffés. J'ai donc mesuré la température au départ et au

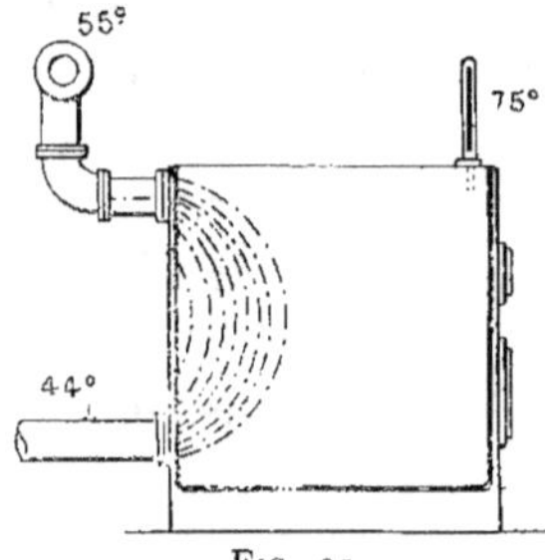

Fig. 21.

retour et je n'ai trouvé respectivement que 55° et 44°. La raison de ces basses températures résultait de la disposition même de la chaudière (voir fig. 21) dans laquelle la circulation ne pouvait se faire que d'un seul côté. L'eau froide ne circulait pas dans la chaudière, mais montait directement vers l'orifice de départ. C'est pourquoi il se produisait un dégagement de chaleur à l'endroit où se trouvait le thermomètre de la chaudière. Le chauffeur s'imaginait qu'il chauffait suffisamment et les locataires se plaignaient du chauffage insuffisant de leurs locaux.»

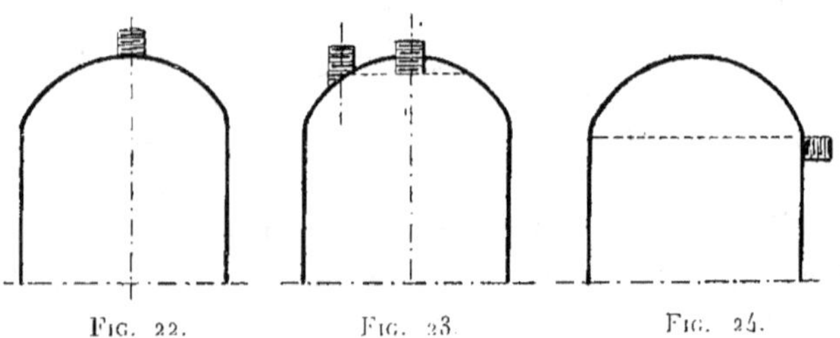

Fig. 22.   Fig. 23.   Fig. 24.

La température de la chaudière doit se lire sur un thermomètre placé, non pas sur la chaudière, mais sur le tuyau de départ, car la masse d'eau contenue dans la chaudière est parcourue par des courants à des températures différentes, qui ne se mélangent que dans le tuyau de départ en y prenant une température moyenne.

Dans les chaudières en tôle, le départ doit être placé au point culminant de la chaudière, comme indiqué fig. 22. Les dispositions fig. 23 et 24 sont défectueuses, créant à la partie supérieure des poches nuisibles à la circulation.

4. — RÉGLAGE DE LA COMBUSTION.

a) **Chaudières à vapeur.** — Nous n'avons pas l'intention de décrire les nombreux régulateurs automatiques, mais nous insisterons sur le fait que, quelqu'en soit le type, un régulateur doit agir, non seulement sur l'admission de l'air au cendrier, mais aussi, si possible, sur la section de l'évacuation des gaz à la cheminée.

L'introduction d'air dans les carneaux ou dans le tuyau de fumée, réduit la production de la chaudière par suite de l'abaissement de la température des gaz, mais augmente leur teneur en oxyde de carbone.

Les clapets d'admission d'air et de réglage de l'évacuation des gaz doivent être montés sur pointes ou sur articulation très libre. Le clapet d'admission d'air doit être à fermeture hermétique et le clapet de la cheminée doit être muni d'une ou plusieurs ouvertures permettant l'échappement des gaz en cas de fermeture. Ces ouvertures doivent se trouver au centre ou à la partie supérieure de l'obturateur, afin que la couche de suie qui pourrait se déposer dans le bas du tuyau de fumée horizontal ne bouche pas les trous. Les poulies de renvoi doivent être évitées autant que possible afin que l'effort développé par le régulateur se transmette aux clapets sans trop de perte.

Nous recommandons de raccorder les régulateurs à membrane en caoutchouc ou en métal à la chambre d'eau de la chaudière et non directement à la chambre de vapeur, ou bien de les munir d'un syphon, de façon à ce que la vapeur n'agisse pas directement sur la membrane qu'elle rendrait cassante.

b) **Chaudières à eau chaude.** — Nous rappelons ici ce que nous disions plus haut au sujet de l'admission d'air dans les carneaux. Les régulateurs pour eau chaude n'agissent généralement que sur l'amenée d'air sous la grille et leur fonctionnement est souvent imparfait.

Pour qu'un régulateur à eau chaude soit efficace, il faut que les organes extérieurs en contact avec les poussières de la chaufferie soient réduits au minimum, car les couteaux et les articulations sont oxydés rapidement. Or, comme ces régulateurs sont basés sur le principe de la dilatation d'un tube relativement court ou d'un liquide, l'effort déployé est assez réduit et la sensibilité de l'appareil est influencée par la moindre résistance apportée à son fonctionnement. Les articulations, tant du régulateur que de la porte d'admission d'air, doivent être bien entretenues et bien graissées.

Il faut en outre, que le fonctionnement du régulateur ne soit pas basé sur l'allongement d'un tube, allongement résultant de la différence entre la température de l'eau de la chaudière et celle de la chaufferie ; c'est le cas pour un grand nombre de régulateurs, et, comme cette différence de température est très faible, l'appareil ne fonctionne que si la température de l'eau est très élevée. Il convient donc que ce soit la température de l'eau de la chaudière, et, de préférence, la température du tuyau de départ qui agisse sur le dispositif dilatable du régulateur : la température de la chaufferie ou le rayonnement de la chaudière ne doit pas influencer celui-ci.

Le réglage des chaudières, en général, est parfois rendu malaisé par des rentrées d'air se faisant par les joints du cendrier ou par des fissures dans la maçonnerie ou dans le mastiquage. L'assise de la chaudière doit être bien nivelée et un bourrelet de ciment est nécessaire autour de la base de la chaudière.

5. — BRUISSEMENT DANS LES CHAUDIÈRES À EAU CHAUDE.

Les chaudières à eau chaude font parfois entendre un bruissement désagréable dont l'intensité augmente avec la température de l'eau.

Ce bruit est à attribuer à la présence de bulles de vapeur qui ne sont pas éloignées assez rapidement des surfaces qui les ont produites, par suite d'une circulation intérieure qui se fait mal ou trop lentement. Ce fait se remarque surtout dans les chauffages par étages ou à faible hauteur de chute, parce que, dans ces installations, la vitesse de circulation de l'eau dans la chaudière est très faible et, par conséquent, l'eau baignant les surfaces en contact avec le feu atteint très facilement la température d'ébullition. Un moyen de lutter contre ce bruissement consiste à enduire intérieurement la chaudière d'une couche d'huile ou de glycérine, dont la présence a pour but de permettre le dégagement immédiat des bulles de vapeur et de les empêcher de devenir plus grosses ; il s'ensuit que, lors du dégagement de ces bulles, la condensation qui se produit au contact de l'eau plus froide ne peut plus occasionner un vide suffisant pour permettre aux chocs des particules d'eau les unes contre les autres d'être sensibles à l'oreille.

On opère comme suit : on vide l'installation et on verse dans la chaudière de l'huile de lin ou de la glycérine, ou encore, un mélange d'huile de lin et de fécule en quantité suffisante pour que la plus grande partie de la surface de la chaudière en soit enduite. On ouvre ensuite partiellement le robinet d'alimentation, de façon à ce que l'eau, montant lentement, entraîne l'huile qui tapisse les parois de la chaudière.

On chauffe alors doucement pendant une heure l'eau de la chaudière au moyen d'un feu de bois et on continue ensuite lentement l'emplissage de l'installation.

6. — CAUSES DE L'USURE PRÉMATURÉE ET DE LA RUPTURE DES CHAUDIÈRES.

a) Chaudières en tôle.

Les causes de l'usure prématurée et de la corrosion des chaudières en tôle sont à attribuer :

1° à des phénomènes physico-chimiques,

2° à des phénomènes chimiques,

3° au manque d'entretien et aux défauts de construction.

1° LES PHÉNOMÈNES PHYSICO-CHIMIQUES. — La cause principale des corrosions des chaudières en tôle réside dans la présence d'air dans l'eau.

La présence d'air dans l'eau repose sur une propriété physique, la dissolution des gaz dans l'eau. La loi d'absorption de Henry dit : la quantité de gaz absorbée dépend de la température; pour une température donnée, le volume du gaz absorbé est indépendant de la pression dans l'hypothèse que, par la compression du gaz au-dessus du liquide, le tout est porté à la même pression. Par exemple, un litre d'eau à 0° et à la pression atmosphérique absorbe 35 cm³ d'oxygène (0,047 gr.). Pour une pression de 2 atmosphères le volume dissous est le même, seulement le poids est doublé, soit 0.094 gr.

La désaréation ou dégazage de l'eau est appliqué actuellement dans les installations de chaudières à haute pression. On emploie des appareils qui divisent l'eau en fines gouttelettes ou en fines lames. La fine division de l'eau, unie, dans certains appareils, à un réchauffage, en chasse l'air qui est évacué hors de l'appareil. D'autres systèmes font allier l'air contenu dans l'eau à une grande surface de copeaux ou tournures de fer et le résultat de l'oxydation est porté par le courant de l'eau sous forme de flocons d'hydrate d'oxyde de fer qui sont retenus sur un filtre à coke. Ces appareils ne sont pas applicables aux chaudières de chauffage, en communication avec l'air libre.

La mise hors service des tôles et surtout des tubes de chaudières commence souvent par une piqûre en un point, piqûre provenant d'une bulle d'air qui adhère à la tôle et amorce une attaque du métal ; la bulle se nourrit aux dépens de l'oxygène contenu dans l'eau qui circule, la rouille produite catalyse l'oxydation qui progresse en profondeur au point de contact de la bulle. Celle-ci forme élément électrolytique avec le métal [1].

Si la bulle vient à se détacher, une autre se formera, de préférence au même point. De toutes façons, même en l'absence ultérieure de bulle, la corrosion continuera en ce point. Dans le cas d'une circulation d'eau très faible au voisinage de la paroi, aucune force ne tend à arracher la bulle, tandis que, si la vitesse de l'eau est assez élevée au voisinage immédiat de la paroi, elle tend à arracher la bulle.

L'action combinée de l'air et de l'eau sur le fer, produisant de la rouille dépend surtout des conditions physiques ou énergétiques qui accompagnent la réaction, et les corrosions diffèrent considérablement suivant le régime de la circulation [2].

M. Gaston Paris, Chef des Laboratoires de l'Union Thermique, ainsi que M. Dieterlen, Ingénieur-Conseil à Paris, ont fait certaines remarques qui prouvent que l'attaque du fer est restreinte dans tous les cas où on a une circulation intense. Le piquage est intense au voisinage de la vitesse zéro ou dans un remous ; il croit rapidement jusqu'à une valeur maximum qui correspond précisément à la vitesse limite ; une fois cette vitesse dépassée, le piquage est infime. L'obtention de la vitesse limite, surtout dans les faisceaux tubulaires, est absolument nécessaire. Il faut donc éviter les espaces morts pour la circulation de l'eau comme pour celle des gaz, d'autant plus qu'aux points où les flammes ne circulent pas, on remarque une oxydation importante du métal. Les faisceaux tubulaires ne peuvent donc être constitués par des tubes trop grands. On pourrait penser que, de l'augmentation de la vitesse de l'eau, résultera une perte de charge peut-être inadmissible. Grâce à la diminution considérable de la viscosité de l'eau avec la température, il n'en est

---

[1] Voir plus loin la théorie électrolytique de la corrosion.

[2] Les incrustations varient également suivant le régime de la circulation.

heureusement rien, car la perte de charge est fonction de la viscosité du fluide. D'après un graphique dressé par Dieterlen, on constate qu'à 100°, la perte de charge est, toutes choses égales d'ailleurs, 3,5 fois plus faible qu'à 20°.

Corrosions extérieures. — Si la paroi du métal en contact avec les fumées à une température inférieure à celle qui correspond au point de rosée des fumées, c'est-à-dire à la température limite à laquelle celles-ci commenceront à déposer la vapeur d'eau qu'elles contiennent, il y aura condensation, d'où attaque violente du métal par l'acide sulfurique qui se forme toujours (parfois accompagné de traces d'acide azotique) [1]. Par conséquent, l'eau de la chaudière doit avoir une température au moins égale à celle qui correspond au point de rosée. D'après Deilen (*Z. B. R. V.*, 1917, n° 3), pour un charbon normal avec 13 % de CO_2, il faut que la paroi ait au moins 40°.

En été, lorsque la chaudière est remplie d'eau, il est nécessaire de protéger les parois extérieures des chaudières en tôle contre les effets de la condensation de l'humidité de l'air sur celles-ci. Après nettoyage à fond des parois, il faut les goudronner à chaud au moyen de goudron distillé, car le goudron brut contient de l'ammoniaque et des sels d'ammoniaque qui provoquent de violentes corrosions. En outre, ouvrir le registre de fumée, ainsi que les portes des carneaux et du foyer pour évaporer par un courant d'air continuel les dépôts d'humidité, ou bien, fermer hermétiquement toutes les portes et tous orifices afin d'empêcher toute entrée d'air.

Aussitôt qu'une infiltration d'eau se produit dans la chaufferie, il faut y faire remédier immédiatement : de même, dès qu'une fuite, si légère qu'elle puisse être, est remarquée aux parois de la chaudière, la faire réparer de suite.

THÉORIE ÉLECTROLYTIQUE DE LA CORROSION.

La théorie chimique de la corrosion ne permettant pas d'expliquer certains cas de corrosion du fer, on a cherché d'autres

---

[1] Voir plus loin au paragraphe « Phénomènes chimiques ».

théories et des auteurs attribuent les corrosions uniquement aux phénomènes électrolytiques [1].

C'est principalement aux recherches de Nernst que nous sommes redevables de cette théorie.

On doit d'abord distinguer trois sortes de phénomènes électriques qui peuvent se rencontrer dans les chaudières, suivant la façon dont se comporte :

a) une barre de fer plongée dans l'eau ou dans une solution aqueuse (cas des chaudières construites au moyen d'un seul métal).

b) une barre de fer plongée en présence d'autres métaux (cas des chaudières construites au moyen de plusieurs métaux).

c) une barre de fer en contact avec d'autres métaux (couples thermo-éléments).

a) *Chaudières construites au moyen d'un seul métal.* — On peut comparer, au point de vue des phénomènes physiques, une chaudière construite d'un seul métal et remplie d'eau, à une barre de fer plongée dans l'eau. En plongeant un métal dans un liquide dissociable électrolytiquement, par exemple le fer dans l'eau, il se produit une tension de dissolution électrolytique du métal par rapport au liquide, le métal, chargé négativement, envoyant des ions (particules chargées d'électricité) positifs dans le bain. La tension de dissolution est d'autant plus forte, c'est-à-dire le nombre d'ions envoyés est d'autant plus élevé que le rang du métal est plus bas dans l'échelle des potentiels.

Ci-dessous l'échelle des potentiels de quelques corps pour le courant extérieur :

Potentiel électrique élevé	*Potentiel électrique bas*
Oxygène	Fer
Chlore	Zinc
Acide carbonique	Hydrogène
Cuivre	Aluminium
Etain	Magnésium
Plomb	

---

[1] D'après l'ouvrage de E. HOERN, *La lutte contre la rouille et les corrosions dans les chaudières à vapeur.*

Dans la corrosion du fer dans l'eau, on remarque que l'eau est décomposée en ions d'hydrogène positifs et en ions d'hydroxyle (OH) négatifs. Ces ions existent dans l'eau avant son entrée en contact avec le fer. Pendant la corrosion, les ions positifs d'hydrogène vont au fer chargé négativement et les ions négatifs d'hydroxyle se combinent avec les ions positifs du fer, donnant ainsi naissance à l'hydrate de protoxyde de fer, $Fe(OH)^2$.

C'est ce qu'on peut appeler le premier degré de la corrosion du fer dans l'eau pure. Pour la corrosion proprement dite, un second degré est nécessaire ; la transformation de fer instable en protoxyde de fer permanent $Fe(OH)^3$. Ce second degré est atteint grâce à l'oxygène de l'air qui existe toujours dans l'eau et sans lequel le second degré de la corrosion serait interrompu, d'où arrêt de la corrosion elle-même.

b) Chaudières construites au moyen de plusieurs métaux. — Une chaudière construite au moyen de plusieurs métaux, fer et cuivre par exemple, peut être comparée à un élément galvanique. Nous n'étudierons pas ce cas, le cuivre n'étant plus employé dans la construction des chaudières de chauffage central. Il importe même de ne pas en prévoir l'emploi sous peine de voir les tôles se corroder au voisinage des tubes et plaques en cuivre.

En effet, l'eau de la chaudière, en sa qualité d'électrolyte, donne naissance à des courants qui vont du fer au cuivre, provoquant la décomposition du fer. La corrosion peut affecter une partie de la chaudière et en épargner une autre : ce fait peut être attribué à la différence de structure du métal.

Nous ferons néanmoins remarquer qu'un métal, le fer, par exemple, pris isolément, doit, à cause d'un manque d'homogénéité quelconque de sa composition chimique ou cristallographique (tôles assemblées par soudure autogène), être considéré également comme un groupe de grains métalliques reliés entre eux en court-circuit. Il se produit entre eux des forces électro-motrices pouvant provoquer des corrosions. C'est ce phénomène qu'on désigne sous le nom d'auto-corrosion.

c) Couples thermo-éléments. — Les courants thermiques prennent naissance lorsque des métaux divers ou des fers d'espèces différentes sont mis en contact par construction (rivure, soudure) les uns avec les autres ; ces métaux forment des chaînes fermées comme indiqué ci-dessus. S'ils sont à des températures différentes, ils forment un thermo-élément. Les courants thermiques ont une différence de potentiel électrique très faible (0,01 V. entre mêmes métaux pour 1000° de différence de température) ; ils sont donc d'ordre secondaire et peuvent être négligés. En outre, ils sont court-circuités dans des masses métalliques de grande section et ne tendent donc pas à s'échapper de celles-ci et à utiliser l'électrolyse comme conducteur ; ils ne peuvent donc provoquer de corrosion.

Néanmoins, dans le cas de deux métaux, on a affaire, non seulement aux courants thermiques, mais surtout aux courants galvaniques dont nous avons parlé précédemment.

2° LES PHÉNOMÈNES CHIMIQUES. — Les tôles et les tubes des chaudières peuvent s'oxyder par la décomposition des pyrites dans le foyer. La houille renferme, en effet, dans sa masse une substance minérale dangereuse connue sous le nom de pyrite de fer ; c'est un bisulfure de fer. On reconnaît très bien, en cassant les morceaux de charbon, les paillettes jaunes, brillantes, cristallines des pyrites. Sous l'influence de la chaleur dégagée par la combustion, celles-ci sont décomposées ; la moitié du soufre se brûle, passe à l'état d'acide sulfureux et il reste un monosulfure de fer. Le soufre ainsi dégagé pourra attaquer les tôles et tubes de deux manières bien distinctes : en formant avec le fer des sulfures facilement solubles, ou bien, en présence de l'oxygène de l'air, le soufre se transformant en acide sulfurique et le sulfure de fer se changeant en sulfate basique.

Cette production d'acide sulfurique sera très variable, suivant la quantité de pyrite contenue dans la houille, mais l'oxydation des tôles sera d'autant plus grande qu'il se trouvera dans les gaz de la combustion plus ou moins d'humidité. C'est une des raisons pour lesquelles on ne doit jamais laisser subsister une fuite, même de faible importance, à une chaudière.

En examinant les cendres, on peut voir si les houilles contiennent plus ou moins de pyrites. Par la combustion, la pyrite se transforme en oxyde de fer, corps d'une couleur rouge brique qui se trouve dans les résidus ; si la couleur des cendres est rouge, cela indique une teneur en soufre élevée, tandis que la couleur blanche est la preuve de l'absence de ce corps si dangereux pour les chaudières.

Il y a lieu d'examiner également les réactions produites sur les tôles par l'alimentation des chaudières avec des eaux grasses, dans lesquelles joue un rôle l'acide oléique mis en liberté par la saponification des matières grasses d'origine végétale ou animale.

L'alimentation avec des eaux grasses peut donner lieu à un dépôt grisâtre, pulvérulent, recouvrant d'une couche mince les tôles exposées au feu et les isolant. Il est surtout composé de sels de chaux, de magnésie et de matières grasses, et jouit de la propriété de ne pas se laisser mouiller par l'eau. Les tôles arrivent bientôt à une température très élevée, capable de brûler le savon calcaire qui les recouvre. Se trouvant alors brusquement découvertes, elles sont mouillées par l'eau qui se vaporise subitement en produisant une petite explosion et un refroidissement des parties métalliques. Cela suffit pour détériorer une chaudière.

D'autre part, les graisses étant soumises dans les chaudières à une haute température en présence de sels calcaires facilement décomposables, sont elles-mêmes décomposées en acides gras et en glycérine. L'acide gras, le plus souvent de l'acide oléique, forme des savons calcaires qui se décomposent à leur tour, sous l'influence de la chaleur, en acide oléique et en savon plus basique. L'action de l'acide oléique sur les tôles est tout-à-fait destructive. Il dissout petit à petit le fer, qui disparaît, sous forme d'oxyde, dans les incrustations. Comme il se régénère constamment par la dissociation des savons calcaires, son action est donc des plus dangereuses. Une petite quantité d'acide oléique est capable de percer, au bout de fort peu de temps, une tôle de plusieurs millimètres d'épaisseur.

Nous ne parlerons que pour mémoire des corrosions dues soit à l'acidité de certaines eaux, soit à la décomposition par la chaleur de certains sels dissociables comme le sont les chlorures. A vrai dire, la température de la dissociation de ces derniers est difficilement atteinte, même dans les chaudières à haute pression, par la masse liquide, mais au sein d'une incrustation adhérente à la tôle, elle est aisément dépassée.

Quant à l'effet des incrustations calcareuses, il est suffisamment connu. Celles-ci forment paroi isolante entre l'eau et le métal. La température de ce dernier, à l'endroit d'une croûte adhérente, s'élève et il en résulte des dilatations inégales qui déforment les tôles, dessertissent les tubes, font sauter les rivets et écrouissent le métal.

La question de l'incrustation des chaudières doit retenir l'attention de l'installateur. Les dépôts les plus importants se font sur les surfaces ayant la température la plus élevée, c'est-à-dire sur les surfaces se trouvant en plein feu. Ces surfaces doivent être accessibles et visitables aisément, car les incrustations ne sont pas seulement dangereuses pour la conservation de la chaudière, mais aussi pour son bon rendement, car un dépôt, même léger, le réduit notablement ; c'est ainsi que pour 2 à 3 $^m/_m$ d'épaisseur d'incrustation, la perte correspond à 8 à 10 % et atteint 40 à 50 % pour une incrustation de 5 à 6 $^m/_m$.

3° AVARIES DUES AU MANQUE D'ENTRETIEN ET AUX DÉFAUTS DE CONSTRUCTION. — La mise hors service des chaudières en tôle est parfois à imputer à l'épaisseur trop réduite des parois. Celles-ci subissent des tensions de dilatation et de contraction considérables, tensions auxquelles vient s'ajouter une charge statique, importante parfois, dans les installations de chauffage à eau chaude.

L'utilisation courante de la soudure autogène dans la construction des chaudières de chauffage nous amène à envisager le mode d'assemblage des différentes parties d'une chaudière, car beaucoup de chaudières sont mises rapidement hors de service par suite d'assemblages défectueux.

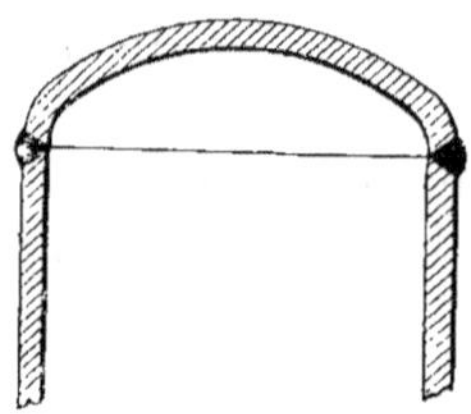

Fig. 25.

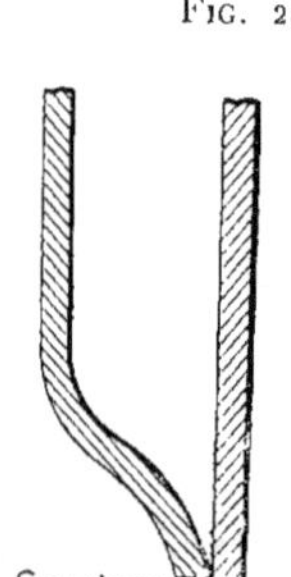

Fig. 26

La compression, la traction, le cisaillement et la flexion sont les efforts mécaniques auxquels doivent résister les lignes de soudures. Celles-ci doivent aussi résister aux divers efforts supplémentaires qui peuvent se développer lors de la marche à chaud, notamment sous l'effet de dilatations que subissent les parties de la chaudière, ainsi qu'aux effets des corrosions qui diminuent l'épaisseur des tôles et par suite, leur résistance originelle.

C'est à l'effort de traction que le fer offre le maximum de résistance. C'est pourquoi l'assemblage des fonds bombés aux viroles des chaudières doit se faire suivant la figure 25.

Pour l'assemblage des deux viroles, intérieure et extérieure, il est nécessaire de donner à la soudure une largeur égale à deux fois l'épaisseur de la tôle (fig. 26) afin qu'elle puisse résister aux efforts combinés de compression et de cisaillement.

Dans les parties exposées au feu, éviter les lignes de soudures à angle vif travaillant au cisaillement (fig. 27).

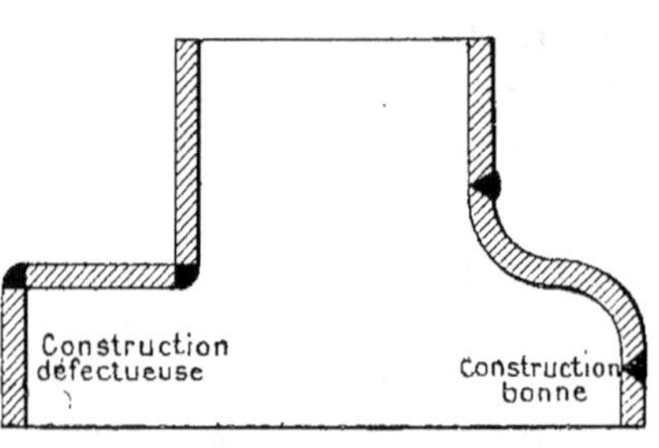

Fig. 27.

De même le raccordement des tubes Galloways ou bouilleurs aux viroles ne doit pas se faire comme en A, où la soudure travaille au cisaillement, mais bien comme en B (fig. 28).

La soudure des lames d'eau exposées au feu ne peut se faire

d'une façon sérieuse qu'en arrondissant les angles avec une seule soudure comme dans la fig. 29 ou mieux comme dans la fig. 30.

Une soudure étant un métal coulé, donc à gros grains, peut être renforcée de deux façons : en renforçant l'épaisseur ou en martelant la soudure au rouge clair, procédé qui réduit la dimension des grains et assure l'homogénéité du métal en en rapprochant la texture de celle de la tôle. Les deux modes de renforcement peuvent être combinés avantageusement.

En général, on peut dire que les avaries des

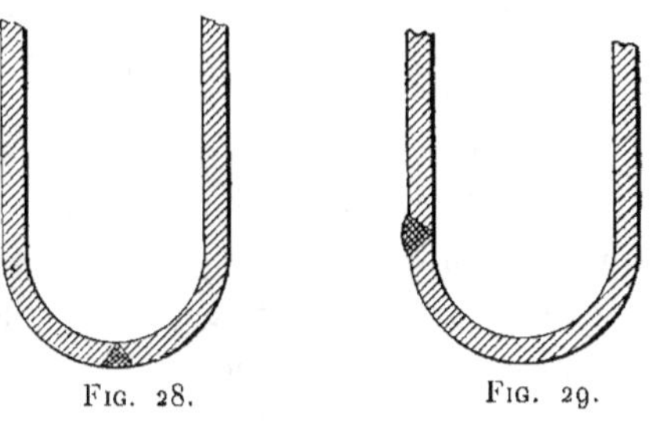

Fig. 28.   Fig. 29.

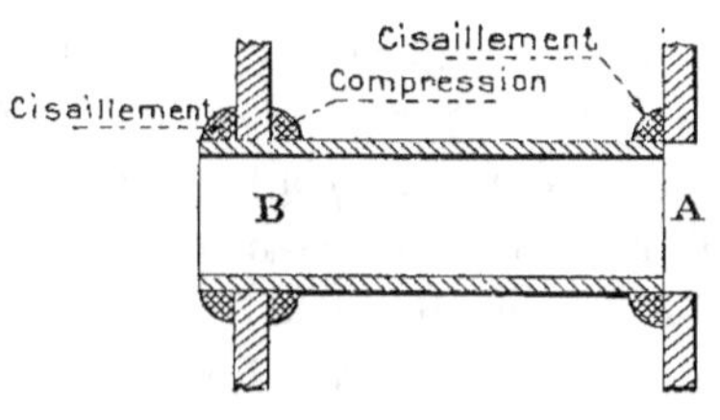

Fig. 30.

chaudières en tôle sont à imputer, non seulement au manque d'entretien, mais surtout à la faible épaisseur des parois, ainsi que nous l'avons dit précédemment.

b) Chaudières en fonte.

L'emploi des chaudières en fonte se généralisant, l'étude des causes provoquant des fissures est très importante.

Dans bien des cas, il est impossible de déterminer les circonstances de l'accident, car lorsqu'il se produit, c'est rarement en présence d'un observateur impartial.

Les recherches ultérieures sur la texture de la fonte ou les enquêtes auprès du personnel de service, lequel ne cherche qu'à faire la preuve de son innocence, sont la source de grandes difficultés. Nous tâcherons néanmoins d'examiner les cas les plus courants.

Nous devons distinguer :

1° les cas communs aux chaudières à eau et à vapeur.
2° les cas spéciaux aux chaudières à eau,
3° les cas spéciaux aux chaudières à vapeur.

1° CAS COMMUNS AUX CHAUDIÈRES À EAU ET À VAPEUR. — Il y a lieu d'envisager dans ce paragraphe, la formation d'incrustations sur la paroi interne de la chaudière par suite d'une réalimentation fréquente et conséquente. Dans les chauffages à eau chaude, ce cas se rencontre rarement, à moins qu'on ne fasse de sérieux prélèvements d'eau chaude à la chaudière ou qu'on ne laisse subsister des fuites importantes à celle-ci ou à l'installation.

On peut également provoquer l'évacuation de l'eau par le trop plein du vase d'expansion en portant l'eau à ébullition par suite de l'ouverture constante de la porte du cendrier. Un robinet d'alimentation non étanche peut amener constamment de l'eau froide s'écoulant par le trop-plein après avoir abandonné dans la chaudière ses sels calcaires. Il n'est donc pas inutile de prévoir deux robinets d'alimentation.

Dans les installations à eau chaude à circulation par pompe, des bourrages de celle-ci en mauvais état peuvent aussi obliger à de fréquentes réalimentations.

On a vu des fissures se produire brusquement, même à l'arrêt, à la suite d'une fatigue excessive et permanente des parois des chaudières lorsque celles-ci sont trop faibles pour l'installation, ou, dans le cas de plusieurs chaudières en batterie, lorsqu'un chauffeur, prétendant économiser du combustible, essaie d'obtenir les températures nécessaires avec une trop faible surface de chaudières.

On provoque alors des surchauffes locales et la destruction rapide du métal.

Des inégalités de température dans le foyer d'une chaudière par suite d'un allumage trop rapide, d'une combustion inégale, peuvent provoquer dans la fonte des tensions locales brusques et dangereuses.

Il est encore permis de supposer que, dans les chaudières d'un grand nombre d'éléments, la disposition et la dimension des raccordements de ceux-ci entre eux puissent être également la cause d'ébranlement de la matière par suite d'une participation inégale des éléments à la circulation de l'eau et, par conséquent, à l'élévation de sa température (voir paragraphe « assemblage des éléments par collecteurs », expériences de Wye Williams).

Il nous est arrivé de constater que des sections de chaudières se brisaient brusquement, même après l'arrêt du chauffage. Ces avaries, ainsi que celles qui précèdent, sont dues aux phénomènes de « fatigue des métaux ».

Ces phénomènes ont été étudiés par Wöhler en 1860 ; les recherches de cet auteur durèrent onze ans et son ouvrage fait encore autorité actuellement.

D'après le rapport du Comité d'Etudes des phénomènes de fatigue des métaux (*The Journal of the American Society of Mechanical Engineers*, Septembre 1919), la rupture par fatigue du métal est caractérisée par l'apparition soudaine de la cassure, sans avertissement préalable, par la fragilité apparente de la matière et souvent par l'aspect cristallin d'une partie de la surface.

Cette apparence cristalline avait fait croire autrefois que la structure du métal passait de l'état fibreux à l'état cristallin sous l'action des efforts répétés. On sait aujourd'hui qu'il n'en est rien et que tous les métaux utilisés en mécanique et en construction sont cristallisés.

Si l'on examine au microscope des métaux soumis à une tension suffisamment élevée, on voit se produire une rupture progressive des cristaux.

Des expériences ont montré la fausseté de l'ancienne opinion qui accordait une résistance indéfinie à un métal soumis à des efforts répétés inférieurs à la limite d'élasticité.

On peut donc dire que nombre de cas de rupture inexplicables de sections de chaudières peuvent être attribués aux phénomènes de fatigue de la fonte résultant de la succession d'efforts de dilatation et de contraction.

La formation de fissures peut encore provenir d'un refroidissement inégal de la fonte après sa coulée dans le moule ou par suite d'une « mauvaise fonte ». Cette dénomination peut s'appliquer aussi bien à la composition du métal qu'à sa structure et surtout à la régularité de son épaisseur.

Des traces de Manganèse, de Silicium et de Phosphore ont une influence considérable sur la compacité, la dureté, la résistance au feu et la conductibilité de la fonte.

2° CAS SPÉCIAUX AUX CHAUDIÈRES À EAU. — Les accidents provoqués par suite du manque d'eau sont assez rares sauf, par exemple, si on laisse fermées par oubli, les vannes de départ d'un groupe de plusieurs chaudières ; on provoque la formation de vapeur au plafond de l'une d'elles et le refoulement de l'eau hors de celle-ci ; les parois ainsi mises à nu rougissent et se brisent.

Si on allume une chaudière munie de vannes sur le départ et sur le retour, sans s'assurer de l'ouverture de celles-ci, on provoque la rupture des éléments et une explosion par suite de l'effort de dilatation de l'eau dépassant rapidement la limite de résistance des parois.

Cette explosion ou du moins, la rupture des sections, peut se produire également dans le cas d'une élévation brusque de la température de l'eau, lorsque le tuyau de communication au vase d'expansion est de section insuffisante pour évacuer immédiatement le volume d'eau en excès.

Pour rendre, autant que possible, de telles négligences sans danger, tant pour le chauffeur que pour la chaudière, on raccorde généralement celle-ci au vase d'expansion au moyen d'une tuyauterie spéciale branchée entre la chaudière et la vanne de départ. Cette tuyauterie de sûreté doit être d'un diamètre suffisant pour compenser la dilatation de la masse d'eau contenue dans la chaudière avec une rapidité suffisante ; il faut prévoir à chaque chaudière une conduite spéciale d'au moins 26 $^m/^m$ jusqu'au vase d'expansion et y débouchant librement.

En Allemagne, on a réglementé la disposition des vannes sur les chaudières et fixé les diamètres ci-après pour le tuyau allant au vase d'expansion [1].

Diamètre intérieur du tuyau en m/m	A employer pour l'expansion d'une surface de chaudière jusque
26	4 m².
33	10 »
40	15 »
50	28 »
57	43 »
64	60 »
70	77 »
76	97 »
82	120 »
88	150 »
94	180 »
100	210 »
106	250 »
119	340 »
131	450 »
143	570 »

La rupture de sections de chaudières à eau par suite d'incrustations est, quoi qu'en disent certains auteurs, plutôt rare, à moins qu'on ait fait de sérieux prélèvements d'eau à l'installation même ou que l'installation ait été vidée et remplie nombre de fois.

Dans la revue *Gesundheits Ingenieur* de 1914, M. Fichtl attribue

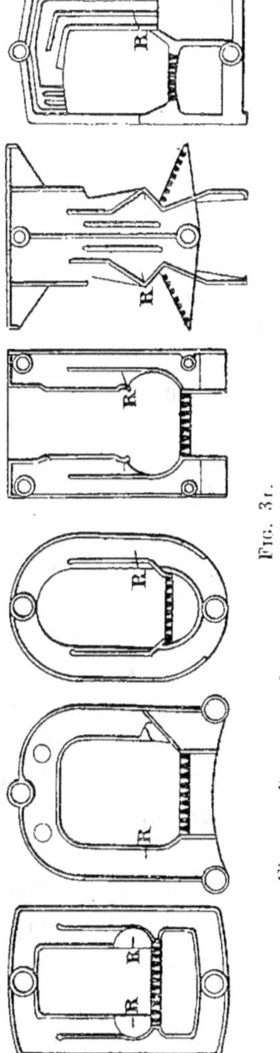

Fig. 31.

Fissures R provoquées par un dépôt de calcaire au-dessus de la grille.

---

[1] Voir à ce sujet notre étude dans le N° 3 de décembre 1922 de *l'Hygiène du Bâtiment et de l'Usine* et celle de M. André Nessi dans *Chauffage et ventilation*, de décembre 1924.

surtout à la formation d'incrustations la rupture de sections de chaudières en fonte. Nous empruntons à cette étude les lignes qui suivent [1] :

« La série des éléments de chaudières de la fig. 31 représente six types différents.

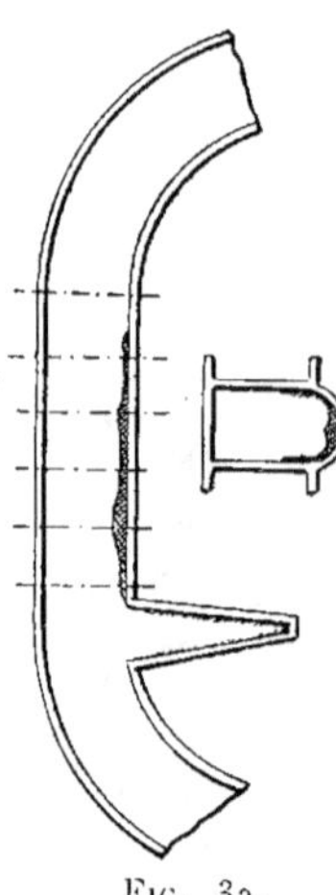

Fig. 32.

» La position des fissures dans chacun des cas particuliers ci-dessus, lesquels ont été étudiés par l'Association Bavaroise de Revision, est marquée par la lettre R. Elle se présente dans presque tous les éléments et indépendamment de leur forme, à une distance d'environ 10 à 20 centimètres au dessus de la grille, en direction horizontale.

» Ces fissures sont si fines que, le plus souvent, elles ne peuvent être discernées à l'œil nu. Ce n'est qu'après l'enlèvement de la rouille provenant de l'eau qui a suinté et le nettoyage de l'élément que l'on parvient à les apercevoir, ténues comme un cheveu.

» On cassa, pour examen, une section de chacun des types représentés fig. 31 et on trouva sur la face interne un dépôt incrustant dont l'épaisseur atteignait jusqu'à 7 $^{m}/^{m}$, mais pas également répartie en hauteur et en largeur, allant, au contraire, en diminuant dans les deux directions depuis la fissure, ainsi que le montre la fig. 32.

» La fig. 33 représente des éléments de chaudières montrant une direction tout-à-fait différente des fissures. On voit très souvent des fissures sectionnant entièrement les éléments intermédiaires, le plus souvent à la partie supérieure, tandis qu'aux éléments de façade présentant des découpures pour portes de chargement et de cendrier, on rencontre aussi des fissures verticales.

» Dans tous les cas de la fig. 33, la cause de la rupture est

---

[1] Traduction de M. O. Saint-Remy.

due à un manque d'eau ou à une réalimentation brusque à l'eau froide.

» La formation de fissures à d'autres endroits des sections (fig. 34) est causée par des tensions intérieures ou par la défectuosité de la fonte ou des raccords. (Nipples ou cônes.)

» On peut, en général, d'après la position de la fissure et sa direction, tirer certaines conclusions sur la cause qui l'a produite, quoiqu'elles ne puissent pas toujours être concluantes dans tous le cas.

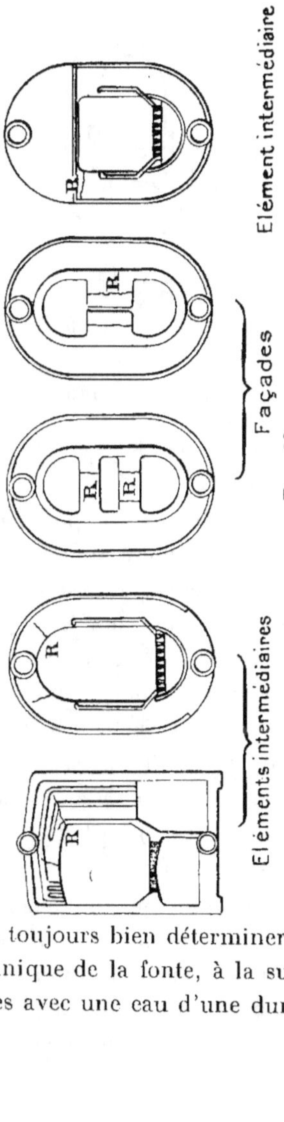

» Il peut aussi se faire que deux causes distinctes aient contribué ensemble à la formation d'une fissure au-dessus de la grille, comme le dépôt de calcaire et des tensions dans la fonte, ou encore mauvaise fonte et parois d'épaisseur irrégulière. Dans les cas d'incrustation, il arrive fort souvent que le propriétaire de la chaudière rejette la responsabilité sur le fournisseur, sous prétexte d'un défaut de matière, faute que le fournisseur lui renvoie en alléguant un mauvais service nécessitant de fréquentes réalimentations. Il s'agirait donc de toujours bien déterminer si, indépendamment de l'examen mécanique de la fonte, à la suite d'un certain nombre de remplissages avec une eau d'une dureté

Elément intermédiaire

Façades

Eléments intermédiaires

Fig. 33.

Fissures R produites par manque d'eau.

déterminée et dans des conditions de marche données, la formation de telles quantités de calcaire est possible, et quelle influence la couche incrustante peut mathématiquement exercer sur la

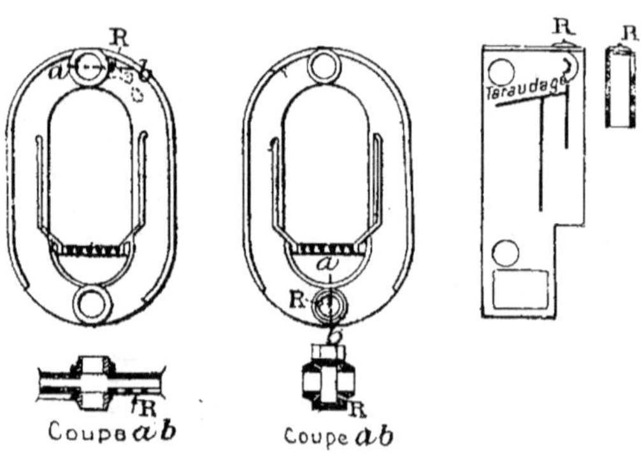

Fig. 34.
Fissures R produites par suite de défauts dans la fonte.

résistance de la section transversale de l'élément à l'endroit endommagé.

» La réponse à la première question ne rencontre aucune difficulté particulière, quoique les calculs publiés sur ce sujet par des revues techniques, arrivent toujours à de si faibles couches d'incrustation que les auteurs les considèrent comme négligeables et sans danger ; seulement, on table toujours sur une couche incrustante uniformément répartie sur toute l'étendue de la surface de chauffe et sur un nombre de remplissages beaucoup trop faible.

» Le calcul ci-après démontre l'importance de l'épaisseur des couches incrustantes telles qu'on les rencontre réellement dans la pratique.

» Supposons un chauffage à eau chaude comportant une chaudière d'une surface de chauffe S = 15 m². La contenance totale en eau de l'installation peut être déterminée comme suit. Si on admet 10 litres d'eau par m² de radiateur, 20 litres par m² de surface de chauffe de chaudière et, pour la tuyauterie 0,7 litres par 100 calories heure produites en marche maximum par l'installation [1] on a :

$$\left(\frac{S \times 7000}{450} \times 10\right) + (S \times 20) + \left(\frac{S \times 7000 \times 2,7}{100}\right) = \text{environ } 3500 \text{ l.}$$

» Soit la dûreté de l'eau de 16 à 17 degrés allemands, c'est-à-dire qu'en 100.000 grammes d'eau il y aura environ 28 grammes de résidu fixe à l'évaporation. Si 20 grammes seulement se précipitent, les 3500 litres ci-dessus contiendront :

$$\frac{3.500.000}{100.000} \times 20 = 700 \text{ gr. ou } 0, K. \ 700.$$

» Mais, ainsi qu'il résulte d'observations faites, la surface de dépôt n'étant, en réalité, que la moitié de la surface de la section horizontale et moins de la moitié de la surface de la section verticale (voir fig. 32) ce n'est donc, tout au plus, qu'un cinquième de la surface de chauffe totale de la chaudière qui puisse être considéré comme surface de dépôt incrustant. En conséquence, en adoptant un poids spécifique de 1,5 pour le calcaire, l'épaisseur de la couche incrustante sera de :

$$\frac{0,700 \times 5}{1.500 \times 1,5} = 0.0015 \text{ ou } 0.15 \text{ m/m.}$$

» Après dix remplissages, nombre facile à atteindre en peu d'années par suite du démontage de radiateurs, réparations, modifications etc., l'épaisseur du calcaire sera déjà de 1,5 $^\text{m}/^\text{m}$, en admettant qu'il se dépose uniformément en couches de même importance, sur la partie de la surface de chauffe considérée comme surface de dépôt.

» La fig. 32 montre, au contraire, d'accord avec l'expérience, que le dépôt se forme irrégulièrement, qu'il augmente de 1,5 à 2 $^\text{m}/^\text{m}$ sur la partie arrondie de l'élément faisant saillie dans le foyer, principalement dans la zone de feu la plus intense.

» On peut mathématiquement tabler, par conséquent, sur

---

[1] Les calculs sont basés sur une production de 7.000 cal. heure par m² de chaudière et 450 cal. par m² de radiateur. Le premier terme de la formule représente la capacité des radiateurs ; le deuxième, la capacité de la chaudière et le troisième la capacité des tuyauteries.

la formation possible d'une couche de calcaire localisée de 3 à
3 1/2 $^{m}/_{m}$ d'épaisseur après relativement peu de temps avec une
eau riche en bicarbonate de chaux, ainsi que l'Association bavaroise de Revision l'a effectivement constaté dans nombre de cas.

» On entend encore souvent objecter que la formation des
incrustations dans les chauffages à eau chaude ne peut avoir
lieu, pour autant qu'elle se fasse, que dans les proportions tout
à fait minimes, la température de marche ne dépassant pas 90°C.;
mais on peut répliquer, avec certitude, qu'étant donné la lente
circulation de l'eau le long des parois en fonte contre lesquelles
est pressée, du côté du foyer, une masse de combustible chauffée
à blanc, on peut répliquer, disons-nous, que l'eau est portée pas-
sagèrement à une température de plus de 100°, sans qu'il puisse
se former de vapeur à cause de la pression statique, et que, par
suite de la circulation constante de l'eau, les conditions pour la
précipitation du calcaire sont favorables.

» Si, d'après ce qui précède, la formation de couches incrustantes aussi épaisses que celles observées est hors de doute, il n'en
est pas moins vrai qu'il est extrêmement difficile d'établir de
quelle manière et à quel degré, une telle incrustation, combinée
avec l'élévation de température qui en est la conséquence,
influence jusqu'à la rupture la résistance du métal.

» Von Bach et Rudeloff ont fait des expériences concluantes
sur la manière dont la fonte se comporte au point de vue de la
résistance à la chaleur.

» Leurs résultats sont indiqués par la courbe de la fig. 35.
Il en résulte que, pour des températures allant jusqu'à 600° C.,
la diminution de la résistance à la traction (kz) comparativement
à la résistance à des températures extérieures ordinaires
($+20°$ C.) est de 60 %.

» En outre, Eberlé a montré dans des essais sur l'influence
du calcaire sur la consommation de combustible, que la température d'une paroi incrustée est de 300 à 500° C. supérieure à celle
d'une paroi qui ne l'est pas (voir fig. 35).

» Si on se représente que la dilatation linéaire de la fonte

est d'environ 0,001 de la longueur primitive pour une différence
de température de 100°, et si on se figure la section longitudinale
d'un élément de chaudière en parties de 100 $^{m}/_{m}$ de longueur
(voir fig. 32), on se rendra compte qu'il se produit dans chacune
des parties de l'élément, considérées isolément, des dilatations
linéaires inégales correspondant aux différents degrés de tempé·
rature, dilatations qui n'arrivent pas à s'équilibrer dans la matière même.

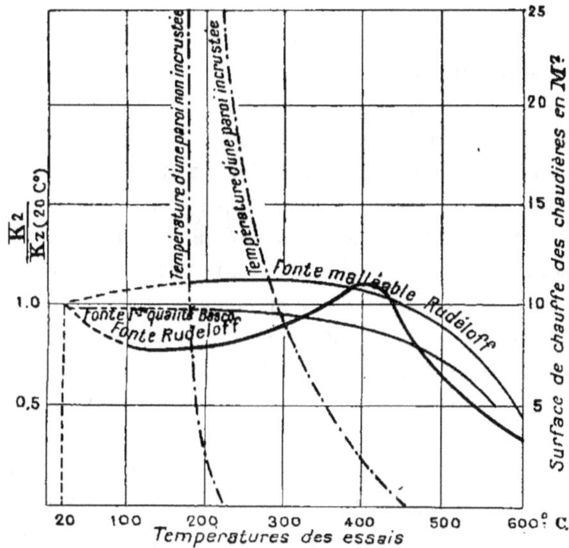

FIG. 35.
Rapport de la ténacité de la fonte à la température.
Kz à 20° C. pour : La fonte malléable (Rudeloff) 3120 kg/cm².
La fonte 1re qualité (Bach) 2562 kg/cm².
La fonte (Rudeloff) 1300 kg/cm².

» La rupture à l'allongement de la fonte se chiffre à environ
0,0015 de la longueur primitive, étant donné un degré d'élasticité de 1.000.000 de kgs, une résistance moyenne à la traction de
1.500 kgs par cm², de même qu'une proportion constante de l'allongement à la rupture. En conséquence, aussitôt qu'entre les parties isolées d'un élément, qu'on peut supposer tendues entre deux
points fixes, des différences de température de plus de 150° appa-

raissent, il faut qu'une rupture se produise aux endroits les plus défavorablement situés au point de vue de la dilatation de la fonte. Il est difficile de chiffrer les efforts de tension qui interviennent ici, parce qu'ils dépendent de beaucoup trop de facteurs.

» Toutefois, l'observation permet de se faire une idée assez nette sur la probabilité de la formation de telles fissures.

» Il serait heureux que des institutions qualifiées entreprennent les expériences scientifiques indispensables à la recherche de la solution des problèmes posés ci-dessus. »

Nous ne partageons pas entièrement les idées de M. Fichtl [1] au sujet de l'importance de l'épaisseur des couches incrustantes dans les chaudières à eau.

Il part du principe de la précipitation à peu près complète des résidus contenus dans l'eau. Or, le degré de précipitation dépend, entr'autres facteurs, de la pression et le calcul de la page 55 serait exact si l'eau de la chaudière se trouvait à la pression atmosphérique, ce qui n'est jamais le cas. L'épaisseur des incrustations varie également suivant les types de chaudières et le régime de marche de celles-ci.

La vitesse de l'eau en circulation, sa composition chimique, sa température et nombre d'autres facteurs ont une grande influence sur la fixation des incrustations et nous avons démonté des chaudières à eau chaude ayant dix années de fonctionnement, ne présentant qu'une pellicule calcareuse. Si l'on appliquait le calcul de M. Fichtl aux chaudières industrielles l'on arriverait à des chiffres qui ne se vérifient pas pratiquement.

La recherche des causes de rupture de sections des chaudières à eau chaude est très spécieuse et il y a lieu d'examiner à fond chaque cas. La science de la métallographie peut aider un expert dans ses recherches lorsque le cas est douteux.

3° CAS SPÉCIAUX AUX CHAUDIÈRES À VAPEUR À BASSE PRESSION. — La rupture des éléments des chaudières à vapeur à basse

---

[1] Cette thèse fut reprise dans un mémoire, présenté au IIe Congrès du Chauffage à Paris en juin 1925 et intitulé : *Les ruptures des chaudières en fonte.*

pression est souvent provoquée par le manque d'eau. Lorsque la marche de l'installation est normale, beaucoup de chauffeurs apportent peu d'attention au niveau d'eau, celui-ci n'étant soumis qu'à de faibles variations.

Cependant, il y assez de circonstances qui peuvent amener une vidange complète de la chaudière et par là, une surchauffe et une rupture.

Abstraction faite des fuites apparaissant subitement à la tuyauterie, une obstruction des conduites de retour ou des purgeurs d'eau de condensation, une vanne d'arrêt de la conduite de retour fermée par erreur, peuvent être cause de la fin prématurée d'une chaudière.

Ces phénomènes s'observent principalement dans les installations dont les purges d'air sont munies de purgeurs automatiques pour empêcher l'échappement de la vapeur, surtout dans les cas où la hauteur verticale est faible entre la purge placée au point non noyé le plus bas de la conduite de retour et le niveau correspondant dans cette conduite, à la pression de la chaudière.

Dans un cas cité par Fichtl, cette distance était d'environ 10 centimètres ; la pression de marche de 0,1 atmosphère ; la colonne d'équilibre ou tube de sûreté réglée pour 0,11 atm. Plusieurs radiateurs étaient raccordés à faible hauteur, sur la conduite principale de retour, qui se trouvait, par conséquent à 110 centimètres au-dessus du niveau d'eau moyen de la chaudière.

Donc, dès que, par inattention, la pression montait à 0,11 atm., et que, du même coup, les radiateurs les plus bas étaient désalimentés, la colonne d'équilibre se vidait mais la rentrée de l'air étant rendue impossible pendant un moment à cause du niveau de l'eau qui montait dans la conduite jusqu'à une hauteur correspondant à la pression, un vide, provoqué par le désamorçage de leurs robinets se faisait dans les radiateurs et et ceux-ci aspiraient l'eau de la chaudière.

Lorsque, une nuit, par suite d'une petite ouverture laissée

au clapet d'entrée d'air, ce phénomène se reproduisit, on constata, le matin, que la chaudière avait été portée au rouge et était complètement brisée.

Une faute grave, commise souvent, lors de la constatation d'un manque d'eau par le personnel, est la réalimentation à l'eau froide de la chaudière encore chaude, et par endroits même, encore au rouge.

On alimente souvent trop brusquement et trop abondamment, parce qu'on craint que la chaudière ne se brûle par manque d'eau ; mais celle-ci se brise par suite de la chute brusque de température amenant la contraction du métal.

Dans un cas semblable, un bon chauffeur fermera immédiatement le registre, retirera le feu et donnera à la chaudière le temps de se refroidir lentement. Il réalimentera ensuite avec précaution et même, si possible, avec de l'eau chaude.

Dans les chaudières à vapeur dont les éléments ne communiquent entre eux que par les bagues d'assemblage et dont un ou deux éléments possèdent une tubulure de retour d'eau à la partie inférieure et une tubulure de départ à la partie supérieure, la vaporisation est intense dans ces éléments. Ils ne contiennent souvent que de la vapeur et de l'eau émulsionnée, c'est-à-dire contenant des globules de vapeur à l'état de mousse.

Certains cas de rupture d'éléments doivent être attribués à cette vaporisation intense qui rend les parois sèches, leur permet de rougir et de se briser au moindre afflux d'eau amené par un changement de régime de la chaudière.

7. — ÉVALUATION DE LA SURFACE DE CHAUFFE DES CHAUDIÈRES.

L'évaluation de la surface de chauffe des chaudières de chauffage ne paraît basée sur aucun principe et est surtout conventionnelle. Il nous a paru utile d'envisager cette question qui est la base du calcul des installations.

Il est évident que, dans les chaudières à magasin de combustible, la surface de la trémie ou magasin ne doit pas être comptée comme surface de chauffe, ainsi que nous l'avons dit précédemment.

En principe, on ne doit compter comme surface de chauffe que les parties mouillées en contact avec les gaz de la combustion. Cependant, dans les chaudières en fonte, on compte généralement comme surface de chauffe le développement des sections y compris les nervures non mouillées.

L'Union Allemande des Ingénieurs dit dans son ouvrage : *Les normes pour les essais des chaudières et machines à vapeur,* article 12 :

« On entend par surface de chauffe dans les chaudières à vapeur, les surfaces qui sont léchées d'un côté par les gaz chauds, de l'autre côté par l'eau.

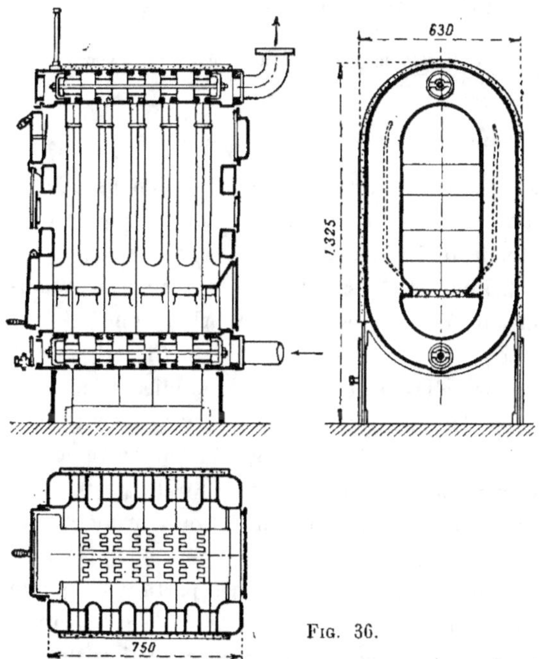

Fig. 36.

» Les parois autres que celles ci-dessus par lesquelles la chaleur peut atteindre la chaudière sont à indiquer séparément dans l'indication de la surface de chauffe.

» Toutes les surfaces sont à mesurer du côté des gaz chauds. »

L'avant-dernier paragraphe a pour but de comparer la proportion des surfaces sèches chauffant l'eau indirectement, telles que les ailettes, sinuosités et autres parois sèches, à celle des surfaces mouillées.

Cette distinction se retrouve dans la description de l'essai d'une chaudière Strebel exécuté par Brabbée au Laboratoire de Charlottenbourg. Cette chaudière, très employée en Europe Centrale, présente cette particularité que la surface des ailettes ou parois sèches est d'environ les 3/8 de la surface mouillée. Et, en effet, le procès-verbal de l'essai ci-dessus décompose comme suit la surface d'une chaudière Strebel, Série 11 pour eau chaude, 6 sections, surface cataloguée 5 m² (voir fig. 36).

Surface mettant directement en contact l'eau et les gaz chauds 3 m² 92
Surface des ailettes . . . . 1 m² 44
Surface de la grille . . . . 0 m² 06
____
Surface totale mesurée du côté des gaz chauds . . . . 5 m² 42

La surface de chauffe de la grille, bien qu'elle ne soit pas entièrement mouillée, représente la surface pleine des barreaux (surface totale moins surface libre).

On retrouve cette distinction entre les surfaces dans d'autres procès-verbaux d'essais effectués en Allemagne.

On n'a guère examiné, jusqu'ici, l'efficacité des ailettes. La disposition de celles-ci doit être bien étudiée pour avoir un effet utile. Placées dans le foyer, elles peuvent augmenter notablement la transmission ; utilisées comme cloison entre le foyer et les carneaux, comme dans la chaudière Strebel, par exemple, leur efficacité n'est pas niable, surtout si l'on considère le rendement de ce type de chaudière.

Cependant, nous ne sommes pas partisans des ailettes dans les carneaux, en raison des dépôts de suie qui peuvent s'accumuler entre elles et occasionner une réduction de la transmission, réduction qui ne serait pas compensée par l'augmentation de la surface.

Dans les chaudières à vapeur, on indique généralement comme surface de chauffe la surface mouillée, c'est-à-dire mesurée jusqu'à la ligne du niveau normal de l'eau ; néanmoins, certains constructeurs ne font pas de distinction entre la surface de chauffe d'une chaudière à eau chaude et celle d'une chaudière à vapeur lorsque les gaz lèchent la chambre de vapeur de cette dernière. Les chaudières Lollar grand modèle notamment, dont dessin ci-dessous, sont cataloguées comme ayant la même surface pour la vapeur que pour l'eau chaude.

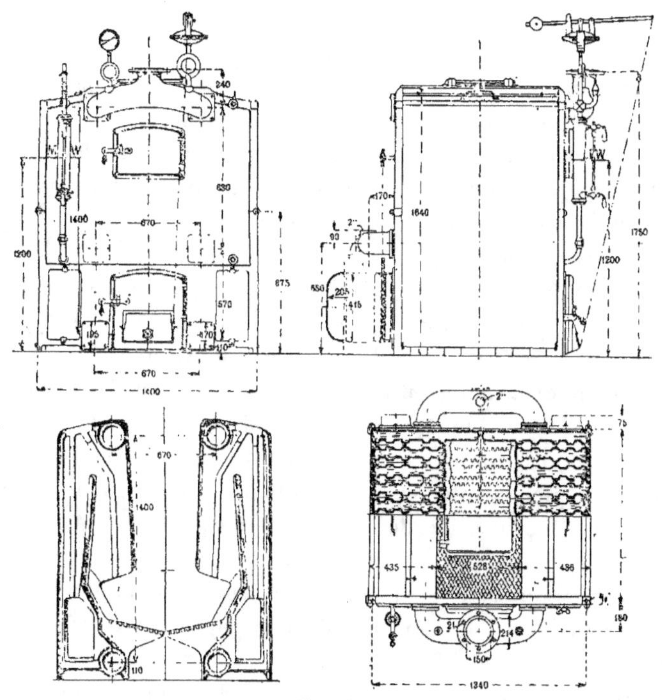

Fɪɢ. 37.

Au cours d'un essai de cette chaudière fait en 1913 à l'Université de Berlin, le Dr. Brabbée a voulu vérifier l'efficacité de la surface de la chambre de vapeur.

Il n'a pas constaté de différence dans le rendement lorsqu'on fait baisser le niveau de l'eau à une allure de 8.000 calories par heure et m² de surface.

D'après Brabbée, les parties du foyer séparant les gaz chauds de la vapeur ont la même efficacité que les parties séparant les gaz chauds de l'eau ; cette particularité doit être attribuée au fait que l'ébullition provoque un mouillage permanent de la surface intérieure de la chaudière.

8. — ESSAIS DES CHAUDIÈRES POUR CHAUFFAGE CENTRAL ([1]).

Pendant ces dernières années, la concurrence, ce stimulant énergique du progrès, a pris, dans le domaine des chaudières destinées au chauffage, une forme de plus en plus aiguë.

La demande fréquente de chaudières à rendement élevé et à encombrement restreint, a donné naissance à de nouveaux types que nous avons vus arriver sur le marché.

Les succès obtenus par les anciennes maisons et les besoins sans cesse croissants ont incité d'autres maisons à entreprendre également la fabrication des chaudières, en tirant parti des types existants et en se basant sur des principes nouveaux.

Alors qu'on s'inquiétait relativement peu jadis de la consommation de combustible et que l'on exigeait avant tout des chaudières un service simple et des dimensions réduites, la concurrence plus âpre fit intervenir, à l'exemple des installations de force motrice, la question de l'économie d'exploitation. Aussi la littérature spéciale, surtout en Allemagne, commença-t-elle à s'occuper des rendements et publier des compte-rendus d'essais tendant à mettre en lumière la valeur des appareils divers à ce point de vue spécial.

Cette tendance, en elle-même, est louable ; mais comme il arrive assez souvent, la réalisation d'événements désirables en

---

[1] Une partie de ce chapitre est empruntée à l'étude de GLÜCKMANN, Ingénieur à Mannheim (*Zeitschrift der Bayerischen Revisionverein*, 1910), publiée en français dans *Chauffage et Industries Sanitaires*, janvier 1912.

principe a amené des conséquences dont l'on ne peut guère se réjouir.

En matière de chaudières pour chauffage central, beaucoup de consommateurs font généralement leur choix, ainsi que nous l'avons dit au début de cet ouvrage, sans trop s'attarder à un examen technique des appareils qu'ils proposent.

Cette circonstance conduisit à donner la préférence à des appareils dont on publiait les résultats d'essais, bien que ces résultats ne résistent pas trop souvent à une critique sérieuse.

D'où un préjudice réel pour les maisons qui font subir à leurs appareils des épreuves plus consciencieuses ; le truquage des essais réussit d'autant mieux qu'il n'existait pour ceux-ci aucune prescription indiquant la marche à suivre pour obtenir un résultat sérieux. D'autre part, il n'est pas souvent possible de procéder à des essais de rendement sur les chaudières en fonctionnement dans une installation de chauffage.

Il faut exiger du fournisseur de chaudières, à défaut du rapport détaillé des essais, un extrait assez complet pour permettre à l'acheteur ou à son conseil technique de se rendre compte par lui-même de la façon dont les essais ont été exécutés et de la manière dont s'établit le bilan calorifique.

Nous nous proposons d'examiner dans ce chapitre la meilleure façon de procéder aux essais des chaudières de chauffage.

Pour que les essais puissent avoir une valeur réelle, on doit partir du principe que l'exécution doit en être faite en se rapprochant, dans la mesure du possible, des conditions de marche normale.

Il ne s'agit pas ici, comme pour les chaudières à haute pression, d'obtenir une combustion aussi favorable que possible, en introduisant le combustible par petites quantités et en couches minces, mais au contraire, de remplir d'avance des magasins de combustible pour laisser s'opérer une combustion continue, sans que, pendant ce temps on touche à la chaudière. Il convient également de brûler une quantité de combustible équivalente à plusieurs chargements et, en dernier lieu, après avoir décrassé, de rétablir les conditions dans lesquelles on se trouvait au début de l'expérience en se basant sur la hauteur occupée par le combustible dans la trémie au commencement de l'essai.

Pour plus d'exactitude, on emploie généralement une disposition utilisée pour les essais des gazogènes et consistant à placer la chaudière sur une bascule. On peut, de cette façon, faire des lectures et observer la combustion à n'importe quel moment de l'essai.

On arrête celui-ci lorsque la bascule accuse le poids correspondant à celui du début de l'essai, addition faite des déchets du combustible, dont une expérience préalable a permis de déterminer la valeur calorifique, et en s'assurant de ce que le poids de l'eau contenue dans la chaudière ne s'est pas modifié.

Pour réaliser cette dernière condition avec une chaudière à vapeur, on se basera sur les indications du niveau et du manomètre, tandis que pour les chaudières à eau chaude, on rétablira la même température moyenne et on supprimera, à l'aide de purges spécialement établies dans ce but, les poches de vapeur pouvant résulter de la disposition intérieure de la chaudière.

Si l'on ne réussit pas à rétablir le volume d'eau dans les conditions initiales, il suffit de tenir compte des différences dans le calcul.

Pour que la bascule puisse jouer librement, tous les raccordements de la chaudière aux dispositifs d'essai doivent être mobiles. Dans le cas de petites sections, des tuyaux flexibles peuvent suffire ; mais pour les grosses conduites, il est indispensable d'employer des dispositifs analogues aux joints hydrauliques.

La nature du liquide à employer dans ces joints et les dimensions à adopter doivent être choisies d'après la pression intérieure et la température de façon que ce liquide ne subisse aucune altération. Avant et après chaque essai, il faut prendre soin de vérifier la bascule.

La détermination du rendement des chaudières de chauffage peut s'effectuer en pesant l'eau d'alimentation, mais il y a lieu de veiller à ce que la température de cette eau soit égale à celle de l'eau des retours en marche normale. En effet, une température assez basse de l'eau des retours, surtout dans les chaudières à eau chaude, favorise d'une part la transmission de la chaleur du foyer à l'eau, l'écart de température étant plus élevé, et réduit d'autre part les pertes par rayonnement, en diminuant l'écart entre l'eau de la chaudière et l'air ambiant.

Ce point mérite d'attirer l'attention lors de l'examen d'un procès verbal d'essai [1].

Pour tenir compte de l'état initial et de l'état final de la vapeur ou de l'eau lors d'un essai, il faut se baser sur les mêmes considérations que pour les pesées, avec cette différence qu'en cas de non concordance des températures initiales et finales, il convient de tenir compte des calories absorbées par le métal. Comme en outre, la vapeur n'est pas toujours sèche, il faut déterminer à l'aide d'un calorimètre [2] la proportion d'eau entraînée.

Pour déterminer d'une manière simple le rendement d'une chaudière à eau ou à vapeur, et réaliser les conditions normales de marche du chauffage, on absorbe la chaleur produite à l'aide d'un condenseur par surface à circulation d'eau placé au-dessus de la chaudière et on mesure le débit de l'eau de circulation ainsi que les températures d'arrivée et de départ.

Pour les chaudières à vapeur, cette méthode a l'avantage de rendre inutile la détermination de la proportion d'eau entraînée, à l'aide d'un branchement indirect de vapeur donnant des résultats parfois erronés.

En effet, pour connaître cette proportion d'eau entraînée, il suffit, au lieu de laisser l'eau de condensation, rentrer librement à

---

[1] Dans *The Engineering Record*, New-York, du 29 août 1908, KINGLEY publie le résultat d'expériences qui tendent à démontrer que la loi qui admet généralement que le rendement des chaudières est proportionnel à la différence de température entre les gaz de la combustion et l'eau, repose sur des bases fausses et que la vérité est plus proche du carré de la dite différence.

[2] Voir pour la description des appareils de mesure, l'ouvrage de BRAND : *Méthodes techniques d'essais*, Béranger, éditeur.

la chaudière, de la recueillir au passage et de la peser avant d'alimenter à nouveau. La détermination se fait alors en comparant à la quantité de chaleur trouvée dans l'eau de condensation, celle que contiendrait un même poids de vapeur sèche.

Il va sans dire qu'en utilisant un condenseur par surface, il faut tenir compte de ses pertes par rayonnement. Pour l'eau, la détermination de ces pertes ne présente aucune difficulté ; la pesée des deux masses d'eau en circulation dans le condenseur et l'observation des températures permettent de déduire du rendement apparent le rendement réel, et si l'on renouvelle l'expérience dans des conditions de températures différentes, on peut aisément construire une courbe qui donnera des indications pour tous les cas de la pratique.

Avec la vapeur, il convient pour réaliser l'expérience préalable de détermination du rayonnement, de produire une légère surchauffe afin d'éliminer l'incertitude résultant de l'eau entraînée.

Un procédé plus simple, mais moins exact, consisterait à

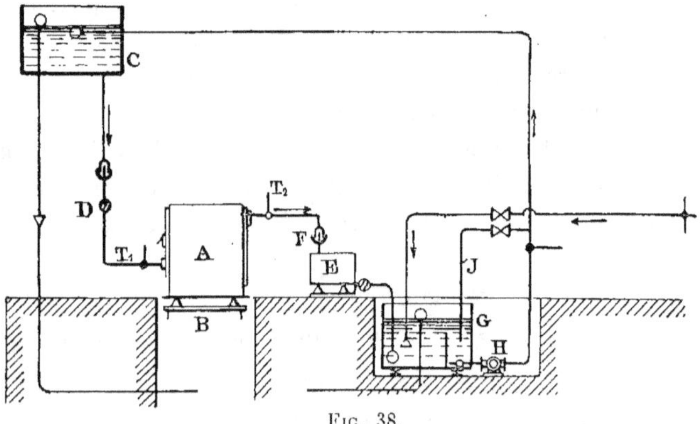

Fig. 38.

déterminer à l'avance la courbe du refroidissement : la difficulté de mesurer exactement la température moyenne et la différence de régime entre l'état de repos et l'état de circulation se traduit par des erreurs dont l'importance ne dépasse guère

quelques centièmes pour cent, de sorte qu'elles influent à peine
sur le résultat final.

Pour les chaudières à eau chaude, les docteurs Brabbée et
Berlowitz ont indiqué une méthode que l'on peut employer même
hors d'un laboratoire et qui a l'avantage de maintenir constante
la température de l'eau à son entrée dans la chaudière pendant
toute la durée de l'essai, ce qu'on ne peut guère demander à un
condenseur par surface.

Ci-contre schéma de cette disposition (voir fig. 38).

L'eau chaude de la circulation est dirigée, après pesage en
E, dans un bassin situé en contrebas de la chaudière où on la
mélange à de l'eau froide, de façon à ce que sa température cor-
responde à celle obtenue normalement dans la canalisation de
retour. Cette eau est refoulée par une pompe H dans un réservoir C placé au-dessus de la chaudière et revient dans celle-ci. La
quantité d'eau que l'on a fait circuler et la température de
départ donnent immédiatement la quantité de chaleur utile sans
que l'on ait à tenir compte de celle qui serait dégagée dans un
condenseur.

Quand on a déterminé par l'un des procédés ci-dessus la
consommation de combustible et la production en calories utiles
en tenant compte des conditions de marche pratique, on ramène
au kilogramme de combustible cette quantité, puis, divisant le
nombre ainsi trouvé par la puissance calorifique du combustible
déterminée à la bombe calorimétrique, on obtient le rendement
calorifique de la chaudière.

Ce rendement n'est autre que le rapport du nombre de calories réellement employées au chauffage au nombre de calories
effectivement dégagées dans le processus de la combustion.

Il va de soi que la valeur trouvée pour ce rendement ne peut
caractériser la valeur des différents types de chaudières que si,
pour les essais, on a procédé exactement comme il vient d'être
indiqué.

On ne trouve que trop souvent dans les catalogues, des données qui ne reposent sur aucun essai sérieux et qui sont plutôt propres à exciter l'étonnement que l'admiration.

Quand il est spécifié, par exemple, qu'une chaudière a donné un rendement de 94,25 pour cent [1], on peut être certain, si toutes les mesures ont été faites exactement, que les essais ont été exécutés sans se placer dans des conditions correspondant à une marche ordinaire. Peut-être a-t-on compté dans la quantité de chaleur utilisée, celle qui est perdue par le rayonnement de la chaudière, sous prétexte que cette chaleur sert à chauffer le local même où elle se trouve.

Dans certains cas particuliers, où le chauffage de ce local est désirable, cette manière de procéder peut paraître logique. Mais, si l'on veut attribuer à un rendement calorifique une valeur qui puisse servir de comparaison générale, il ne faut naturellement faire intervenir en ligne de compte que rigoureusement la quantité de chaleur disponible à l'extérieur de la chaudière et indépendamment d'elle.

Un procédé très peu recommandable est celui qui consiste à se borner uniquement à la détermination des quantités de chaleur perdues.

Pour que les acheteurs en soient dûment avertis, on ne saurait trop insister sur le point suivant : des essais ne peuvent être considérés comme présentant une réelle valeur que s'ils comportent, outre une détermination rationnelle et conforme aux conditions de la pratique courante du rendement calorifique, une justification convenable et détaillée des quantités de chaleur non utilisées, c'est-à-dire un bilan thermique [2].

L'établissement d'un bilan thermique complet constitue pour l'expert lui-même, un point de la plus haute importance car il fait ressortir les erreurs cachées et fortifie la confiance dans son travail.

---

[1] Ce rendement a été trouvé par l'Association pour la surveillance des appareils à vapeur à Siegen (Allemagne) pour une chaudière sectionnée en fonte.

[2] Voir la brochure : *Qu'est-ce qu'un bilan thermique et comment l'établit-on*, publiée par *Chaleur et Industrie*.

Les pertes se composent en partie de chaleur directement fournie mais non utilisée, en partie d'énergie latente non encore transformée en chaleur et pouvant exister dans des produits solides ou gazeux, quelquefois même, bien que plus rarement, liquides, (goudron) [1].

On peut retrouver dans les mâchefers, cendres et suies, des morceaux solides encore combustibles, constitués en grande partie de carbone. Il suffit donc de déterminer de quelle quantité se réduit le poids de ces résidus après une combustion complète pour en déduire le poids en carbone pur à introduire dans les calculs.

Eberlé et Zschimmer ont donné un procédé pratique pour la détermination de la teneur en suies ; il consiste à faire un prélèvement d'un volume connu des gaz de la combustion, à déterminer la quantité de suies qui se dépose sur un bouchon d'amiante fixé au tube d'aspiration et à rechercher la teneur en carbone de ces suies.

Le prélèvement des échantillons de gaz doit se faire très soigneusement et suivre tout le cycle de la combustion ; il ne faut pas négliger de faire une prise peu de temps après chaque chargement. A ce sujet nous conseillons la lecture du chap. IX (Analyse des gaz de la combustion) de l'ouvrage de de Grahl, déjà cité.

On commettrait une grosse erreur en établissant le bilan sur la base du pouvoir calorifique inférieur du combustible. En effet, ce pouvoir inférieur ne comprend pas le nombre de calories correspondant à la vaporisation de l'eau qui se forme pendant la combustion.

Pour déterminer la chaleur rayonnée par la chaudière, on peut employer la méthode pratique de de Grahl pour les chaudières à vapeur à basse pression en se basant sur la perte de pression indiquée par un micromanomètre.

---

[1] Le goudron ne se rencontre que dans la combustion des combustibles bitumeux tels que le lignite. On peut faire entrer cette faible quantité dans les calculs avec un pouvoir calorifique de 7.400 à 7.600 cal.

Pour les chaudières à eau chaude, il faut recourir à la construction de la courbe de refroidissement basée sur des mesures de température effectuées en différents points et à diverses hauteurs.

Ces considérations sur l'état actuel de la technique des essais tendent à démontrer qu'on peut opérer avec une grande exactitude. Seulement l'on souffre du manque complet de règles fixes, reconnues et observées par tous et qui permettraient de publier des résultats d'essais exécutés sur les mêmes bases. Ces règles, établies en considérant la nature spéciale du fonctionnement des chaudières de chauffage central, devraient d'abord fixer le minimum de ce qu'on peut leur demander, de manière à ce que ce minimum puisse être exigé lors des essais exécutés sur place.

On pourrait exiger, par exemple, en ce qui concerne la consommation de combustible : 1° que la combustion soit continue pendant la durée correspondant au moins à trois chargements, avec indication du poids d'un chargement et de sa durée de combustion ; 2° que le service de la chaudière ne soit nécessaire qu'au moment de chaque chargement ; 3° qu'il soit possible de remplir complètement le magasin jusqu'en haut pendant la combustion même, en se contentant d'un simple décrassage.

Des essais exacts destinés à être publiés devraient être obligatoirement exécutés dans des laboratoires spécialement aménagés dans ce but et la détermination du combustible brûlé ne devrait être faite que par pesées directes de toute la chaudière.

En ce qui concerne la capacité de production, il faudrait observer les prescriptions suivantes : la détermination serait déduite de la connaissance de la quantité de chaleur contenue dans l'eau ou la vapeur, étant entendu que l'on pèserait l'eau d'alimentation ou de circulation, en conservant, à l'entrée dans la chaudière les températures employées en pratique. Pour les chaudières à eau chaude, la circulation de l'eau au travers de celle-ci devrait se faire par gravitation naturelle et non par pompe. En outre, on tiendrait compte des différences d'état entre le commencement et la fin de l'expérience, ainsi que des pertes par rayonnement dans le cas d'emploi d'un condenseur et enfin de la quantité d'eau entraînée. On devrait aussi ne jamais négliger d'établir un bilan thermique complet et, afin de conserver une uniformité complète, établir également un certain nombre de règles générales pour la détermination des pertes.

Si les constructeurs de chaudières, les installateurs et les experts en chauffage pouvaient se mettre d'accord sur un programme d'essais rationnels, basé sur les conditions normales d'utilisation des chaudières, bien des discussions seraient évitées. Car, à quoi sert la publication sous une forme scientifique de procès-verbaux d'essais qui constituent plutôt des tours de force et dans lesquels on s'ingénie à dissimuler les accrocs faits aux conditions usuelles de fonctionnement. Voici quelques exemples pris parmi des quantités.

PREMIER EXEMPLE : Détermination du rendement d'une chaudière à eau chaude, en fonte, sectionnée à grand foyer. À la partie supérieure de celui-ci se trouvent des sortes de galloways venus de fonte, partant du ciel de foyer, se raccordant aux parois latérales et formant carneaux sur toute la longueur. Chaudière à grande surface directe : surface 6.70 m². Rapport surface de grille à surface de chauffe : 1 à 33,5. Capacité du foyer : 135 litres. Essai au coke de gaz.

Le procès-verbal dit : « Les essais ont été faits dans des conditions se rapprochant le plus possible de celles d'une installation en marche normale. »

Nous verrons qu'il n'en a pas été ainsi d'après les indications du tableau des relevés. Il dit, en outre : « Le feu fut maintenu à mi-hauteur du foyer. »

Cette façon de procéder a pour but d'utiliser la chaleur rayonnante du peu de combustible contenu dans le foyer, d'augmenter artificiellement les dimensions, plutôt réduites, de la chambre de combustion afin d'obtenir une meilleure utilisation du foyer qu'en pratique, en se rapprochant de la marche industrielle. Il ne pouvait pas être fait d'essais de longue durée de cette façon et, en effet, le procès-verbal donne comme durée de l'essai :

	1er essai :	2e essai :	3e essai :
Durée de l'essai :	4 heures	5 heures	5 heures
Poids net de combustible brûlé :	44 K. 400	48 K. 450	47 K. 900
Poids net de combustible brûlé par m² de surface de grille et par heure :	60 K.	54 K.	52 K.

	4e essai :	5e essai :	6e essai :
Durée de l'essai :	4 heures	4 heures	5 1/2 heures
Poids net de combustible brulé :	30 K. 100	30 K. 700	84 K. 150
Poids net de combustible brûlé par m² de surface de grille et par heure :	39 K. 500	42 K.	89 K. 400

La densité du coke de gaz étant de 0,35, vides compris, le foyer ne peut contenir, entièrement plein, d'après le chiffre ci-dessus indiqué comme capacité, qu'environ 47,250 kgs ; si l'on a maintenu le feu à mi-hauteur du foyer, on a dû faire plusieurs chargements pendant la courte durée de l'essai pour pouvoir brûler les quantités de combustible indiquées.

Les températures du départ et du retour sont normales.

Les rendements de 87,11 à 89,47 % accusés par le procès-verbal d'essai ne seront certainement pas atteints en pratique, en marche continue, le foyer étant rempli de combustible.

DEUXIÈME EXEMPLE : Chaudière en fonte, sectionnée, à eau chaude, à retour de flammes et magasin de combustible.

Surface 12,50 m². Rapport surface de grille à surface de chauffe : 1 à 30.

Durée de l'essai : 7 1/2 heures. D'après le procès-verbal, l'essai se fit sans placer la chaudière sur une bascule.

L'évaluation de la consommation de combustible fut faite en remplissant, à la fin de l'essai, le magasin à la hauteur atteinte par le combustible au début de l'essai (niveau du bord inférieur de la porte de chargement). Ce procédé ne donne pas de résultats pouvant être admis comme absolument exacts.

Le chauffage ne fut point continu, car il est dit dans le procès-verbal : à des intervalles de 2 1/2 à 3 heures, pendant lesquelles le feu fut abandonné à lui-même, le remplissage fut complété à l'aide d'une quantité de coke exactement pesée, jusqu'à la porte de chargement précitée et chaque fois le foyer fut légèrement nettoyé.

La température moyenne de l'eau au départ était de 76°95 ; la température moyenne de l'eau à l'entrée n'était que de 14°08, température de beaucoup inférieure à celle du retour normal d'une installation de chauffage à eau chaude.

Les conditions dans lesquelles furent exécutés ces essais, tant au point de vue de la combustion que de la température d'entrée de l'eau, ne permettent pas de prendre en considération le rendement de 85,47 % indiqué dans le procès-verbal.

Nous pourrions contester la valeur de beaucoup de procès-verbaux d'essais de chaudière ; nous nous en tiendrons là, nous bornant à engager les installateurs à étudier les conditions dans lesquelles se font les dits essais.

Nous leur conseillons en tous cas de prévoir un coefficient de sécurité en vue d'une diminution du rendement de chaudière, diminution dont les causes sont multiples.

Nous citerons entr'autres : la modification du coefficient de transmission de la chaleur par suite d'accumulation des suies dans les carneaux, incrustations intérieures, rentrées d'air par suite du manque d'adhérence du mastiquage, réduction du tirage, etc.

Nous pouvons dire avec M. Kammerer, Ingénieur en Chef de l'Association Alsacienne et Lorraine des Propriétaires d'Appareils à vapeur, qu'une chaudière n'a pas de rendement propre, le chiffre du rendement étant inhérent aux conditions de l'essai envisagé, ainsi que le montrent les exemples cités plus haut.

9. — CALCUL DE LA SECTION DES CHEMINÉES.

Nous avons recherché des formules pratiques pour le calcul des cheminées des différents types de chaudières.

Il n'est pas logique, en effet, comme le font certains auteurs, de faire usage d'une formule unique, les facteurs influençant le tirage étant différents pour les trois types de chaudières étudiés précédemment.

Dans les formules qui suivent, nous ferons usage des notations ci-après :

S = Section de la cheminée en mètres carrés.

C = Production calorifique horaire maximum de la chaudière.

H = Hauteur en mètres de la cheminée mesurée à partir de la grille de la chaudière.

D'après Lang (*Zeitschrift der Vereinigte Deutsche Ingenieure*, 1899) on peut calculer comme suit la section des cheminées pour une température des gaz de 150 à 300° et une température de l'air de + 30° :

$$S = \frac{C}{300.000 \times \sqrt{H}}$$

M. Lier, Ingénieur à Zurich [1] propose la formule ci-dessous pour les cheminées des chauffages centraux :

$$S = \frac{C}{334.300 \times \sqrt{H}}$$

Les tableaux des dimensions des Constructeurs Allemands de chaudières à grand foyer, à parcours des gaz très court, sont établis d'après la formule :

$$S = \frac{C}{400.000 \times \sqrt{H}}$$

Pour d'autres chaudières à grand foyer, on a employé la formule de Lang.

La formule adoptée par quelques constructeurs de chaudières à magasin de combustible serait :

---

[1] Voir *Calcul des Cheminées*, par Hornx. Béranger, éditeur.

$$S = \frac{C}{250.000 \times \sqrt{H}}$$

Nous basant sur certaines déductions pratiques, nous proposons l'emploi des formules ci-après :

1° Chaudières à tirage direct :

$$S = \frac{C}{400.000 \times \sqrt{H}}$$

2° Chaudières à grand foyer (brûlant des gailletins maigres ou du gros coke) :

$$S = \frac{C}{300.000 \times \sqrt{H}}$$

3° Chaudières à magasin de combustible :

$$S = \frac{C}{250.000 \times \sqrt{H}}$$

Il s'agit ici de chaudières à retour de flammes. Pour les chaudières verticales tubulaires ou les chaudières sectionnées à parcours réduit des gaz et large surface de grille, on peut adopter la formule proposée pour les chaudières à grand foyer.

D. UTILISATION DES COMBUSTIBLES LIQUIDES DANS LES CHAUDIÈRES EMPLOYÉES POUR LE CHAUFFAGE CENTRAL

> « Pour bien utiliser un combustible, il faut tout d'abord le connaître. »
>
> (Pierre Appell, *Conduite rationnelle des foyers.*)

1. — LES COMBUSTIBLES LIQUIDES.

Le terme *combustible liquide* peut être appliqué à tous les composés de carbone et d'hydrogène qui sont fluides aux températures ordinaires ou qui deviennent fluides par l'action de la chaleur.

Les huiles végétales et animales ne pouvant être obtenues en quantités suffisantes ne sont pas employées pour le chauffage. Les huiles combustibles en usage sont :

1º les huiles de goudron provenant de la distillation de la houille (usines à gaz et fours à coke).

2º les hydrocarbures minéraux dérivés du pétrole.

Huiles de goudron. — La distillation des goudrons donne naissance entr'autres à des produits plus fluides appelés génériquement huiles lourdes de goudron, qui peuvent être utilisées pour le chauffage. Cependant, ces huiles contiennent une proportion assez forte de naphtaline qui cristallise au refroidissement, ce qui peut provoquer l'obturation des conduits. En outre, elles contiennent souvent des éléments gras qui traversent la maçonnerie des cheminées et provoquent des tâches et des odeurs dans les appartements. Aussi ce combustible n'est-il utilisé que pour des applications industrielles.

Combustibles dérivés du pétrole. — La distillation du pétrole brut produit successivement :

1° les éthers ou gazolines.

2° les benzines.

3° les essences d'auto.

4° les pétroles lampants.

5° les huiles à gaz (ou gas-oil ou huile de pétrole ou huile de chauffage ou huile motrice).

6° les résidus (huile de graissage, mazout, fuel-oil).

Sont utilisés pour le chauffage les huiles à gaz (gas-oil) et les résidus lorsqu'ils conservent un certain degré de fluidité (mazout et fuel-oil).

Le terme « Mazout » adopté en France et en Belgique pour désigner les huiles combustibles en général est un mot russe qui désigne en Russie, non le résidu employé comme combustible, mais bien le produit lourd employé au graissage du matériel roulant.

Les huiles combustibles doivent être importées, exception faite des résidus provenant de la production en pétrole du gîte alsacien de Pechelbronn et de quelques schistes bitumeux de la région d'Autun.

Composition chimique d'une huile combustible. — Elle ne varie que très peu d'une provenance à l'autre et comporte en général :

Carbone	84 à 87 %.
Hydrogène	14 à 11 %.
Oxygène et Azote	3 % max.
Soufre	1 à 3 %.
Teneur en eau	2 %.

L'huile est donc un combustible riche, les deux constituants principaux, carbone et hydrogène, entrant pour la presque totalité dans sa composition.

La présence du soufre peut inspirer des craintes au point de vue corrosion des chaudières en tôle ; il ne peut nuire si sa teneur ne dépasse pas 3 %, à condition que les gaz de la combustion ne rencontrent pas de parois froides, c'est-à-dire en dessous de 40°, car alors la vapeur d'eau contenue dans les gaz se condense sur celles-ci et forme avec les vapeurs de soufre de l'acide sulfurique qui attaque le métal.

Conditions de réception des huiles combustibles. — En raison de leur irrégularité même, origine, mode de distillation, coupages, fraudes éventuelles, etc..., la valeur calorifique des résidus du pétrole est assez variable. Les marchés d'huile devraient toujours être accompagnés de certaines clauses de garantie à exiger du vendeur.

Les normes d'essai de réception des huiles ne sont pas encore standardisées. On peut considérer les conditions de réception de la Marine française, plutôt rigoureuses, comme une garantie optimum.

Voici un extrait de ces conditions :

Densité : La densité prise à la température de 15° C. sera comprise entre 0,890 et 0.960.

Pureté : Filtrés à travers une toile métallique en laiton N° 70 du commerce, les résidus ne devront pas laisser de dépôt appréciable.

Homogénéité : On vérifiera par des prélèvements effectués à la partie haute et à la partie basse des récipients si le produit présente une homogénéité convenable.

Acidité : Les résidus ne devront présenter aucune trace d'acidité minérale ; une légère acidité organique sera tolérée.

Congélation : Les résidus ne devront se congeler qu'à une température inférieure à —5°.

Pour s'en assurer, on vérifiera qu'une baguette en verre plein, à bouts arrondis, de 24 cm. de longueur et 5 $^{m/m}$ de diamètre et pesant sensiblement 12 grammes, refroidie à —5° pendant dix minutes et rapidement essuyée, s'enfonce par son propre poids dans le résidu maintenu à —5°

Inflammabilité : Essayés à un appareil Luchaire, les résidus ne devront pas émettre de vapeurs inflammables à une température de 79° C. Cette température sera maintenue pendant deux heures, de manière à s'assurer qu'il ne se dégage pas de matières inflammables, même par l'action prolongée de la chaleur.

La température de réchauffage devra toujours rester inférieure de 15° au moins à la température d'inflammabilité des vapeurs des résidus employés.

L'appareil Luchaire, employé par la Marine et la Douane, est constitué essentiellement par un bain-marie entourant une capsule remplie de l'huile à éprouver ; dans cette huile plonge un thermomètre. La capsule est recouverte d'un couvercle percé d'un trou, près duquel brûle une petite veilleuse à gaz.

On chauffe graduellement le bain-marie, à l'allure de trois degrés environ par minute ; il arrive un moment où l'on voit osciller très légèrement la flamme de la veilleuse, sous l'effet des vapeurs dégagées. Presqu'aussitôt après, il se produit une petite explosion qui éteint généralement la veilleuse ; on note la température correspondante : c'est le point d'éclair.

On rallume la veilleuse en lui donnant un peu plus de flamme, et bientôt les vapeurs qui s'échappent de l'orifice du couvercle restent enflammées de façon permanente : c'est le point d'inflammation.

Fluidité : la fluidité sera déterminée au moyen de l'ixomètre Barbay (voir « *Graissage* », de J. Loubat), appareil utilisé pour déterminer la viscosité des huiles de graissage.

Le volume des résidus écoulé pendant 10 minutes à la température de 15° C. ne devra pas être inférieur à 7 divisions, ce qui correspond à un écoulement du même nombre de cm³ en une heure.

On définit également la viscosité par le rapport de la durée d'écoulement de 200 cm³ d'huile à la température d'essai, à celle de 200 cm³ d'eau à 20°. Elle s'exprime dans ce cas en degrés Engler. 3° E. signifie donc que l'huile met trois fois plus de temps pour s'écouler que de l'eau dans les mêmes conditions. Les huiles dites fluides ne doivent pas dépasser 5° E. à 20° C.

Si la viscosité est plus élevée, il est nécessaire de recourir à un réchauffage préalable.

C'est un fait établi que les huiles lourdes de pétrole deviennent sirupeuses et coulent difficilement à froid ; pour vider les réservoirs, on devra toujours prévoir des serpentins de chauffe ; les conduits devront être de large section et mêmes calorifugés à l'extérieur ou dans les bâtiments non chauffés ; enfin, dans le voisinage du brûleur, il faudra toujours réchauffer l'huile pour éviter des obstructions.

Soufre : La proportion de soufre contenue dans les résidus ne devra pas excéder 0,75 % en poids.

Eau : La teneur en eau ne sera pas supérieure à 1 % en poids.

Pouvoir calorifique : Le pouvoir calorifique des résidus mesuré à l'obus de Mahler ne sera pas inférieur à 10,500 calories par kilogr. brûlé.

Nous attirons ici l'attention sur la distinction à faire entre le pouvoir calorifique supérieur et le pouvoir inférieur. Le pouvoir calorifique obtenu à l'obus est dit « supérieur » parce que la vapeur d'eau résultant de la combustion de l'hydrogène de l'huile est condensée dans l'appareil à l'état d'eau liquide.

Dans toutes les applications au chauffage, au contraire, les gaz résultant de la combustion sont évacués par la cheminée à une température supérieure à 100° et, par conséquent, l'eau de combustion est rejetée à l'état de vapeur. Il est donc logique de faire intervenir dans les calculs de rendement le pouvoir calorifique du combustible mesuré « eau en vapeur » au lieu de « eau condensée », l'écart entre les deux chiffres représentant la chaleur latente de vaporisation de la quantité d'eau résultant de la combustion de la quantité d'hydrogène contenue dans le combustible.

Pour les charbons maigres, l'écart est insignifiant : pour

les huiles minérales qui renferment jusqu'à 14 % d'hydrogène, il ne doit pas être négligé.

Si l'on veut éviter des contestations dans les essais de rendement des installations de chauffage aux combustibles liquides, il doit être spécifié clairement par le vendeur que les rendements garantis par lui s'entendent calculés sur le pouvoir inférieur.

L'administration de la Marine n'admet aucune tolérance relativement aux conditions concernant la congélation, l'inflammabilité et la fluidité.

La loi française du 5 août 1919 qui dégrève les combustibles liquides à leur entrée en France, comporte les définitions suivantes des combustibles liquides (tableau annexé au décret du 30 août 1919 pour l'application de la loi du 5 août 1919) :

DÉFINITION des produits et sous-produits	CARACTÉRISTIQUES	EMPLOIS qu'ils peuvent recevoir
Huile lourde dite gas-oil.	Couleur brun noirâtre; ne distillant pas plus de 10 % en volume avant 275°, thermomètre plongeant, appareil de Luynes-Bordas ; Inflammabilité Luchaire : entre 50 et 100° C. Fluidité Barbey : 300 divisions au minimum à la température de 20° C. Matières éliminables par l'acide sulfurique à 66° Baumé : 5% en volume au minimum.	Alimentation des moteurs ou Combustion sous toutes ses formes.
Combustible liquide dit fuel oil.	Couleur noirâtre. Ne distillant pas plus de 10 % en volume avant 275°, thermomètre plongeant, appareil de Luynes-Bordas. Inflammabilité Luchaire : entre 50 et 140° C. Matières éliminables par l'acide sulfurique à 66° Baumé : 25 % en volume au minimum.	Alimentation des moteurs ou Combustion sous toutes ses formes

L'appareil de Luynes-Bordas est tout simplement un petit alambic avec un thermomètre plongeant dans le liquide à distiller. La distillation est continue ; on remplit l'appareil d'un volume d'huile déterminé et on chauffe lentement. Le début de la distillation est marqué par la température lue au thermomètre, lorsque paraît la première goutte de produit condensé à l'extrémité du réfrigérant. La vitesse de distillation est alors réglée par le bec de gaz, à l'allure de deux gouttes à la seconde par comparaison avec un petit pendule ; quand la limite de fractionnement de 275° C. est atteinte, on mesure le volume du liquide condensé qu'on compare au volume initial.

2. — DISPOSITIFS DE CHAUFFAGE AUX COMBUSTIBLES LIQUIDES.

Nous n'examinerons ici que l'application des dispositifs pour le chauffage aux combustibles liquides aux chaudières à foyer aménagé pour brûler des combustibles solides.

Les huiles combustibles devant être importées, il faut envisager le cas où elles feraient défaut (grève dans les ports, prix prohibitifs résultant du change, arrivages irréguliers, guerre, etc.) et le foyer pour combustibles solides doit pouvoir être rapidement rétabli.

En Amérique même, la disposition du foyer mixte est généralement adoptée.

L'adaptation du dispositif de chauffe au combustible liquide doit être étudiée et établie par un spécialiste et il ne s'agit pas de placer au petit bonheur un brûleur sur n'importe quelle chaudière existante ; il faut, au contraire, adapter le foyer au brûleur employé et ceci nécessite une certaine expérience qu'il semble naturel de demander à ceux qui la possèdent.

Cependant, la collaboration du spécialiste en chauffage « au mazout » et de l'installateur de chauffage étant nécessaire, il est indispensable que ce dernier possède une connaissance suffisante du combustible d'abord, des principes de sa combustion et des appareils ensuite.

Le Brûleur.

Principe de la combustion. — L'état physique du combustible joue un rôle considérable dans le rendement de la combustion et l'état liquide, sans atteindre les avantages que présente l'état gazeux, est très favorable et permet d'atteindre un rendemen très élevé avec des appareils bien conditionnés.

On sait que la combustion n'est pas autre chose qu'une réaction chimique entre le combustible et l'oxygène de l'air. Cette réaction nécessite, d'une part, un certain rapport entre les quantités d'air et d'huile afin qu'aucune des deux parties ne soit en excès et, d'autre part, une certaine température au-dessous de laquelle la réaction ne peut s'amorcer, ni subsister.

Dosage ou carburation. — Le dosage est le rapport entre le volume d'huile utilisé par le brûleur et le volume d'air qui lui est nécessaire. L'étude du dosage est d'une importance capitale pour le bon fonctionnement du brûleur et l'économie du chauffage.

Le mélange d'air et d'huile qui sort du brûleur doit être aussi homogène que possible. Il serait absurde de verser le combustible liquide en filet dans le foyer en y amenant la quantité d'air demandée ; la combustion ne se ferait même pas. Bien au contraire, l'air et l'huile doivent former un mélange intime et régulier de façon à se comporter en quelque sorte comme un mélange gazeux.

La composition de ce mélange doit être bien définie ; si l'huile est en excès, une partie est décomposée par la chaleur de la flamme et, ne trouvant pas l'air nécessaire pour brûler, son carbone subsiste et se manifeste par de la fumée, laquelle n'est qu'une précipitation de carbone imbrûlé.

Si, au contraire, l'air est en excès, celui qui n'est pas utilisé pour la combustion ne fait que traverser le foyer : il s'y échauffe et entraîne des calories dans la cheminée ; d'où perte. En outre, si l'air en excès est bien mélangé à l'huile, le phénomène de la combustion se produit irrégulièrement, produisant de petites explosions qui donnent à la flamme une allure saccadée. Ce régime s'explique par le fait que plus un gaz est riche en air, jusqu'à certaines limites, plus la vitesse avec laquelle la réaction se propage est grande. Le gaz brûle donc presque instantanément au fur et à mesure de sa sortie du brûleur. La flamme du gaz carburé doit brûler par la surface extérieure et se dissoudre en quelque sorte dans l'air environnant.

La composition du mélange doit être telle que l'air fourni par le brûleur ne doit pas tout à fait suffire à brûler l'huile ; le supplément, qui du reste, doit être très faible, est fourni par le tirage naturel. Lorsque cette condition est réalisée, la flamme brûle tranquillement et sans fumée. Son aspect est celle d'un panache blanc, éclatant ; l'excès d'air rend la flamme moins brillante, tirant peu à peu sur le bleu jusqu'à avoir l'aspect d'un dard de chalumeau.

Rôle du brûleur. — Son rôle est donc, avant tout, de produire un mélange homogène et régulièrement proportionné d'air et d'huile pour faciliter la combinaison du carbone avec l'oxygène ; cette combinaison peut être réalisée de plusieurs façons différentes, donnant naissance à des catégories correspondantes d'appareils :

1° à égouttement ;
2° à évaporation ;
3° à pulvérisation.

Les appareils à simple égouttement ne demandent aucun appareil auxiliaire : leur fonctionnement repose sur l'égouttement de l'huile combustible dans un courant d'air fortement échauffé qui en produit rapidement l'évaporation et l'inflammation.

Leur mise en régime demande donc un temps assez long pendant lequel la combustion est imparfaite : ils s'adaptent donc exclusivement aux foyers en service continu. La vitesse de l'air réalisable par le tirage naturel étant nécessairement faible, il s'en suit que la puissance des foyers est très limitée.

Les appareils à évaporation n'exigent pas non plus d'appareil auxiliaire, l'évaporation étant provoquée par la chaleur du foyer même ; leur mise en régime dépend d'une source de chaleur étrangère. Les organes d'amenée d'huile et d'évaporation peuvent s'encrasser par la formation de résidus solides ; ils exigent une surveillance et un nettoyage continus pouvant occasionner des interruptions de service.

Ces deux types d'appareils ne sont guère applicables aux foyers des chaudières des chauffages centraux qui exigent une grande souplesse de marche en raison des variations, parfois rapides, de l'émission de la chaudière.

Avant de passer à l'examen des appareils à pulvérisation qui nécessitent une installation mécanique, nous devons mentionner les études et essais de M. Debesson, qui a cherché à brûler l'huile naturellement et a essayé de réaliser sa combustion en deux temps, comme dans les gazogènes à combustibles solides. D'après M. Debesson, il n'y a aucune difficulté à gazéifier les hydrocarbures ; le tout est de faire cette gazéification sans danger d'explosion. C'est l'objet de l'invention qu'il a fait breveter.

Dans une première opération, l'huile brûle avec manque d'air, c'est-à-dire incomplètement, avec une fumée très noire. Dans une seconde opération, avec arrivée d'air secondaire à température convenable, se produit la combustion complète. L'avantage d'une telle disposition est qu'elle pourra être parfaitement amovible et introduite ou enlevée à volonté, sans ouvrier, dans un foyer de chaudière de chauffage, sans complication ni dépense d'injection de fluide comprimé ou de courant électrique.

Les brûleurs à pulvérisation, ou atomisation comme disent les Américains, divisent le combustible en fines gouttelettes en lui adjoignant la quantité d'air voulue. Ces appareils ont la forme d'un éjecteur. Pour pulvériser le liquide, on l'entraîne avec une très grande vitesse au moyen d'un fluide sous pression et on cherche à lui faire suivre des canaux soit de petite section, soit de parcours sinueux, interrompu, chicané, qui brisent son élan, changent sa direction et le transforment en minces filets ou en gouttelettes. Toutes ces dispositions, qui ont donné naissance à tant de systèmes de brûleurs, n'ont pour but que de mettre le comburant en contact intime avec toutes les parties du combustible.

Nous n'avons pas l'intention de vous parler individuellement des divers types de brûleurs qu'on trouve sur le marché [1].

Il en est bien peu qui conviennent spécialement aux chaudières pour chauffage central et ils sont plutôt étudiés pour le chauffage industriel.

Beaucoup de brûleurs ne permettant de régler que le combustible, la flamme est de composition variable ; d'autres n'assurent pas l'homogénéité du mélange ; enfin, la plupart laissent au chauffeur le soin de régler le dosage par la manœuvre indépendante du robinet d'air et du robinet d'huile.

La conduite du foyer est laissée au jugement du chauffeur (et quels chauffeurs avons-nous pour la conduite de nos chaudières !) qui apprécie la combustion par l'aspect de la flamme, mais n'a aucun contrôle sur sa composition.

Les chaudières pour chauffage central, ayant des allures très variables et étant conduites généralement par des chauffeurs inexpérimentés, il est nécessaire que le brûleur soit à réglage automatique, et que le rapport entre l'air et l'huile soit rigoureusement constant à toutes les allures.

MODES DE PULVÉRISATION DU COMBUSTIBLE LIQUIDE.

1° Pulvérisation mécanique ;
2° Pulvérisation à la vapeur ;
3° Pulvérisation à l'air comprimé.

Brûleurs à pulvérisation mécanique. — La pulvérisation est obtenue par la détente brusque du combustible préalablement

---

[1] Voir compte-rendu de la conférence de M. Debesson, faite à l'Association des Ingénieurs de Chauffage et Ventilation de France, le 17 juin 1921.

comprimé et amené au point de fluidité convenable par la chaleur.

Le brûleur est agencé de façon à communiquer au combustible un mouvement giratoire. L'air est distribué concentriquement au jet de combustible pulvérisé au moyen d'un caisson cylindrique fixé sur la façade du foyer et portant des conduits de forme hélicoïde avec registres pour régler l'arrivée de l'air. Le brûleur est placé au milieu du caisson. Ce dispositif est appliqué aux fours industriels et chaudières marines.

Brûleurs à pulvérisation par la vapeur. — Le combustible est amené au contact d'un jet de vapeur qui le divise par action mécanique et qui l'entraîne dans le foyer. Ce système nécessite un chauffage préalable du combustible pour obtenir une bonne pulvérisation et diminuer la dépense de vapeur. Les brûleurs à flamme ronde conviennent pour les foyers cylindriques et les brûleurs à flamme plate pour les chambres de combustion prismatiques.

Ci-dessous croquis de l'application très courante en Roumanie de ce

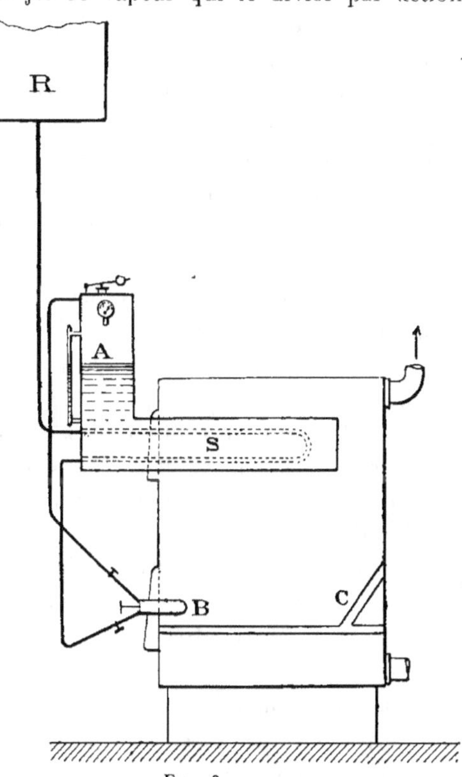

Fig. 39.

dispositif à une chaudière pour chauffage à eau chaude du type Strebel.

A la chaudière en fonte à eau chaude est annexée une petite chaudière à vapeur en tôle soudée A, composée de deux cylindres de 200 ™/™ de diamètre soudés à angle droit, dont la branche horizontale est introduite dans le foyer par la porte de chargement. La branche verticale qui est à l'extérieur de la chaudière sert de dôme de vapeur, et porte les appareils de sûreté.

Le brûleur B est placé dans la porte de décrassage, au-dessus de la grille. L'huile combustible, venant du réservoir supérieur R placé à environ 2,50 m. au-dessus du brûleur, est préalablement réchauffée à environ 90° avant son arrivée au brûleur, par son passage dans le serpentin S disposé dans la chambre d'eau de la petite chaudière à vapeur A.

La grille est recouverte de réfractaire et la section arrière est protégée contre le dard du brûleur par une paroi réfractaire inclinée C, destinée à envoyer le jet vers le haut.

Les conduites d'huile et de vapeur sont raccordées au brûleur au moyen de joints articulés, permettant de retirer celui-ci de l'ouverture de la porte de décrassage lors de l'allumage, lequel exige un feu de bois pour produire de la vapeur à 1 ou 1 1/2 atm. dans la chaudière auxiliaire. Au Canada, le dispositif de la fig. 40 est fréquemment employé pour la pulvérisation par la vapeur.

Pour la bonne répartition des gaz dans tous les carneaux, il est recommandé de placer le brûleur dans un avant-corps conique en réfractaire disposé, de préférence, en dehors de la chaudière.

Dans les brûleurs à vapeur c'est la vitesse d'entraînement qui forme appel de l'air nécessaire à la combustion, l'admission de cet air pouvant être réglée à la main au moyen d'une rosace placée sur l'orifice d'entrée d'air de la chaudière.

La régulation automatique de la température d'une chaudière de chauffage avec brûleur à pulvérisation par la vapeur est très compliquée : en effet, pour être efficace, le régulateur devrait agir simultanément sur le débit d'huile, de vapeur et d'air. La

consommation de vapeur est d'environ 1/4 de kilogr. de vapeur
par kilogr. d'huile.

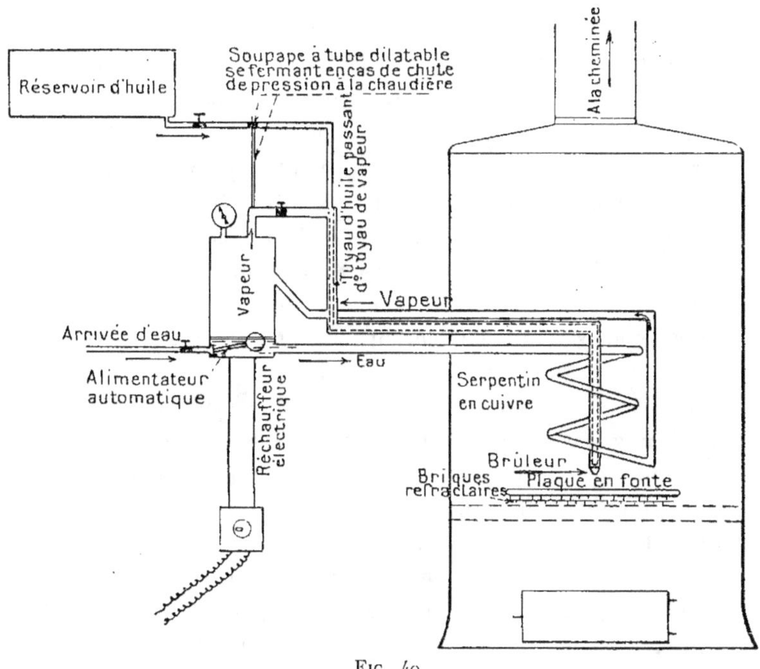

Fig. 40.

Brûleurs à pulvérisation par l'air. — Le jet de vapeur est
remplacé par un jet d'air sous pression. Le brûleur fonctionnant
à pression constante et débit variable, on emploie pour pulvériser
l'huile au moyen de l'air, un ventilateur centrifuge de préférence.
On connaît les propriétés de ces ventilateurs qui fournissent un
débit quelconque entre la pleine charge et la marche à vide sans
que la pression varie de façon appréciable et ce, sans l'aide d'aucun appareil de réglage.

Les petits débits (jusque 300 m³ heure) seront généralement
obtenus plus avantageusement par de petits compresseurs à pa-
lettes ou à piston.

Dans ce cas, le compresseur doit être complété par un réservoir à air formant volant et un dispositif de réglage assurant une pression constante.

Les pressions minima à l'entrée du brûleur sont :

100 cm. d'eau pour le mazout et autres huiles visqueuses ;

50 cm. pour les huiles fluides (huiles à gaz).

Le débit du ventilateur ou du compresseur doit être de 10 m³ d'air par litre de combustible, comprenant la quantité d'air nécessaire à la combustion complète et celle utilisée pour la pulvérisation, cette dernière n'étant que le 1/10 de la quantité d'air totale.

Les ventilateurs centrifuges sont souvent bruyants, surtout au-delà de 1.500 tours-minute. Pour atténuer le bruit, monter le groupe moteur-ventilateur sur un chassis en fer avec accouplement semi- élastique.

Placer tout le groupe sur du caoutchouc ou du liége et le relier à la conduite par l'intermédiaire d'un tube de caoutchouc d'au moins 30 cm. de long pour éviter la transmission du bruit par les conduites métalliques. Les compresseurs, à marche lente, sont préférables sous le rapport du bruit.

En Amérique, on emploie de petits groupes domestiques, destinés aux fourneaux de cuisine et aux appareils de chauffage, comprenant, un moteur électrique actionnant par le même arbre une pompe centrifuge et un ventilateur.

La pompe aspire l'huile combustible dans une citerne placée en contrebas, disposition obligatoire en Amérique : l'huile filtrée et réchauffée est ensuite refoulée dans l'œillard du ventilateur qui la pulvérise et la mélange intimement avec l'air, refoulant ensuite le mélange dans le brûleur. Ce dispositif est appelé atomiseur et n'exige, pour les installations domestiques qu'une pression de 35 à 100 $^m/_m$ d'eau.

On pourrait très bien combiner, et cela existe en Amérique, un régulateur agissant sur le rhéostat du moteur, modifiant sa vitesse et partant les débits d'air et d'huile, ou sur les vannes d'entrée d'air au ventilateur et d'amenée d'huile à la pompe.

La littérature spéciale américaine présente des variétés nombreuses de dispositifs de chauffage à l'huile et il y a, rien qu'aux États-Unis, plus de cent types différents. On peut néanmoins les diviser en deux catégories :

1° les appareils avec brûleurs à jet ;

2° les appareils avec brûleurs à pot ou à flamme épanouie.

Les appareils à jet sont généralement semblables aux appareils atomiseurs décrits ci-dessus.

Le brûleur est généralement placé dans la porte de décrassage, la grille et le fond du foyer étant protégés par une garniture en réfractaire.

Certains constructeurs utilisent, pour le chauffage des chaudières rondes un brûleur à jet disposé dans la porte de chargement (voir fig. 41) et lançant la flamme vers la grille.

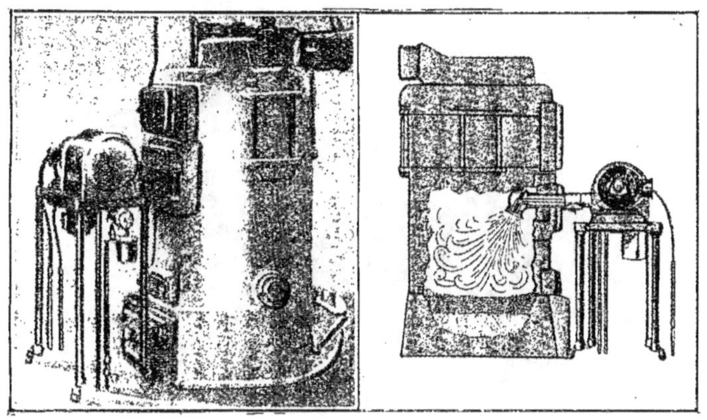

Fig. 41.

Les brûleurs à pot en fonte ou en réfractaire de 150 à 500 $^m/_m$ de diamètre se posent horizontalement à la place de la grille ; le ventilateur-atomiseur est généralement placé sous le brûleur (voir fig. 42) et au-dessus de celui-ci se trouve parfois un déflecteur qui épanouit la flamme, ou une hélice qui fait tournoyer le mélange à la sortie de l'atomiseur.

Les appareils américains sont munis de dispositifs de sécurité pour le cas d'extinction de la flamme, laquelle est immédiatement rallumée par une bougie électrique ou une veilleuse à gaz de ville servant également à l'allumage.

Dans certains dispositifs, si le brûleur s'éteint et ne se rallume pas, l'huile s'écoule vers un petit réservoir qui bascule et coupe l'arrivée du courant électrique au moteur.

FIG. 42.

Les brûleurs à pot bien disposés assurent un léchage plus complet des surfaces de chauffe que les brûleurs à jet horizontal. Nous avons remarqué cependant que, dans certains appareils, le souci de réduire l'encombrement a été poussé très loin et que les mécanismes peuvent avoir à souffrir du voisinage du brûleur.

On est même arrivé à loger tout l'appareillage dans le cendrier des chaudières.

3. — AMÉNAGEMENT DES FOYERS DÉS CHAUDIÈRES
À CHARBON
POUR L'INSTALLATION DU CHAUFFAGE À L'HUILE.

Cône d'allumage. — L'air carburé qui s'échappe du brûleur, le quitte sous forme de brouillard ou de gaz humide à une température voisine de la température extérieure en ce qui concerne les brûleurs à pulvérisation par l'air.

Il est indispensable pour que la combustion s'amorce et se continue, que ce gaz soit réchauffé. Il est à conseiller de prévoir un cône d'allumage constitué par un tube de forme conique en réfractaire, placé dans une armature en tôle épaisse ou en fonte.

Dans les chaudières verticales tubulaires en tôle à magasin central, le brûleur peut être placé verticalement dans l'axe de celui-ci, la flamme dirigée vers la grille, et le magasin transformé en cône d'allumage.

La petite base du cône d'allumage est fixée au brûleur ; la flamme s'amorce à une distance de 3 à 10 cm. de l'orifice de sortie du brûleur. La combustion échauffe le réfractaire qui, à son tour, rayonne vers le gaz et maintient celui-ci en combustion.

Aucun brûleur ne peut fonctionner sans la présence de cette enceinte chaude, enceinte plus ou moins développée suivant l'importance du brûleur et la qualité du combustible employé.

Plus le point d'inflammation de l'huile est élevé, plus la longueur du cône d'allumage doit être grande (15 à 40 cm. de longueur pour les huiles à gaz et le mazout suivant les dimensions du brûleur).

Le cône d'allumage doit être construit de façon que la flamme ne remonte au brûleur ; celui-ci ne doit pas s'échauffer au delà de 80°, si l'on veut éviter un encrassement provenant d'une décomposition de l'huile. Le cône d'allumage doit rester propre et ne jamais être recouvert de suie.

Foyer proprement dit. — A la sortie du cône d'allumage, la flamme doit brûler librement, sans toucher immédiatement aucune partie de la chaudière. Comme la flamme ne brûle que par sa surface extérieure, sa masse contient encore de l'huile sous forme de gouttelettes. Si ces gouttelettes entrent en contact avec une paroi froide (les parois métalliques de la chaudière en contact avec l'eau sont des parois froides pour la flamme), l'huile s'y condense et ne brûle pas.

Il est nécessaire de disposer dans le foyer une garniture en briques réfractaires, surtout à l'extrémité de la flamme, qui est très chaude et oxydante.

Le dard de la flamme rencontrant les parois de la chaudière peut produire une surchauffe locale et provoquer des ruptures, surtout si la chaudière est en fonte.

On disposera donc un écran en réfractaire destiné à recevoir le dard et à empêcher son contact avec le métal.

On placera également des briques réfractaires sur la grille, afin d'augmenter les parties chaudes du foyer ; cette garniture réfractaire protègera en outre la grille contre les températures trop élevées et permettra de recueillir et de vaporiser l'huile qui peut couler au moment de l'allumage.

Dans les chaudières à grille amovible, le cendrier peut être garni entièrement de réfractaire et recevoir le brûleur de façon à augmenter les dimensions de la chambre de combustion, le cendrier étant transformé en cône d'allumage.

Cependant, dans certaines chaudières à grand foyer, les dimensions trop importantes de celui-ci exigent l'installation, dans la porte de chargement, d'un brûleur destiné à chauffer le ciel de foyer, lequel n'est pas léché suffisamment par les gaz du brûleur principal placé dans la porte de décrassage.

Les briques ne doivent jamais se recouvrir de suie, car c'est l'indice d'un excès d'huile.

Il ne faut pas exagérer les dimensions des revêtements en réfractaire, ceux-ci empêchant la transmission de la chaleur aux parois métalliques et à l'eau. Les gaz n'ont alors pas le temps de se refroidir suffisamment et emportent avec eux dans la cheminée un nombre de calories considérable.

Il est fréquent de rencontrer des foyers de chaudières complètement revêtus d'une épaisse couche de réfractaire et l'on s'extasie sur l'allure de la combustion.

Cette disposition constitue un non-sens. L'enceinte surchauffée que constitue ce véritable four en maçonnerie est extrêmement propice à la combustion, qui n'exige plus qu'une pulvérisation grossière, mais le chauffage est défectueux et on constate une perte importante de calories par la cheminée.

Il est nécessaire d'introduire dans le foyer une certaine quantité d'air additionnel par l'appel de la cheminée. Cet air est destiné à compléter la quantité d'air théorique, qui est de 10 m^3 à zéro degré et 760 $^m/_m$ de pression, envoyée par l'atomiseur dans le foyer. Un combustible liquide peut, avec un bon brûleur, brûler avec une quantité pratique de 11 à 13 m^3 d'air.

L'introduction de l'air additionnel se règle par le registre de tirage ; il arrive parfois, au moment de l'allumage, ou à la suite d'une fausse manœuvre, que le brûleur fonctionne sans que la flamme soit allumée ; l'huile se répand dans le foyer et se vaporise au contact des parois réfractaires chaudes. En vue d'éviter qu'en cas d'allumage, les gaz ainsi produits ne viennent à s'enflammer subitement, il est nécessaire pour permettre leur expansion que les portes de la chaudière ne soient pas munies de loquets ou de crochets, et qu'elles se ferment par leur propre poids. Il est avantageux de munir ces portes d'un ressort de rappel qui les fasse se refermer d'elles-mêmes après la poussée des gaz.

Disposition du brûleur. — Celle-ci varie suivant les types de chaudières et son adaptation doit être laissée à l'appréciation d'un spécialiste. Il importe que toutes les parois de la chaudière soient léchées par les gaz.

Dans les chaudières à grand foyer, on dispose le brûleur, ainsi que nous l'avons dit précédemment dans la porte du cendrier garni de réfractaires, ou dans la porte de décrassage, au-dessus de la grille, ou obliquement dans la porte de chargement. Dans les chaudières à magasin central de combustibles, on peut disposer le ou les brûleurs dans le magasin de combustible, la flamme dirigée vers la grille garnie de réfractaires, sur laquelle elle s'épanouit et se redresse ensuite vers les tubes ou carneaux.

Dans les chaudières à magasin de combustible dans le foyer et départ de gaz par le bas, il y a lieu de prendre des dispositions pour éviter l'enmagasinement des gaz dans le haut du foyer.

Appareils auxiliaires. — Une installation de chauffage par combustible liquide comprend, outre le brûleur, l'appareil de propulsion et éventuellement de régulation, un réservoir pouvant contenir une réserve suffisante de combustible liquide et un réservoir annexe pour l'alimentation du brûleur.

Le réservoir-soute devra être disposé de façon à ce que le remplissage en soit aisé. Si l'on utilise le mazout, il sera muni d'un serpentin de réchauffage monté en dérivation sur l'installation, afin de donner au combustible un degré de fluidité suffisant pour pouvoir soit être pompé, soit s'écouler par gravitation naturelle ; cette condition sera remplie en chauffant le mazout à 25° minimum.

Un évent débouchant à l'extérieur avec clapet de sûreté est à prévoir, ainsi qu'un robinet ou dispositif de vidange de l'eau qui se dépose dans le fond du réservoir. Un niveau d'huile ou des robinets de jauge permettront de vérifier l'importance de l'approvisionnement.

Le réservoir annexe servant à l'alimentation du brûleur sera placé à proximité de celui-ci et à une hauteur de 0,50 m. au-dessus pour l'huile à gaz et 2 m. environ pour le mazout. Dans ce dernier cas, le réchauffage à une température de 50° est nécessaire. Un filtre en fine toile métallique retiendra les impuretés à la sortie du réservoir annexe. Celui-ci sera raccordé à un dispositif à niveau constant (10 cm. en dessous de l'axe du brûleur) dans lequel se fera l'aspiration du brûleur au moyen d'un tube plongeur.

Les canalisations d'huile doivent être calculées pour une vitesse de 25 cm. maximum par seconde pour les huiles fluides (huiles à gaz) et 5 cm. pour le mazout. Ce dernier devra être réchauffé à 85/95° à l'entrée du brûleur.

Les lignes qui précèdent suffiront, pensons-nous, à l'installateur de chauffage central qui, généralement n'a pas à intervenir directement dans la question de l'application du chauffage aux combustibles liquides.

É. LES CHAUDIÈRES CHAUFFÉES AU GAZ.

Nous ne dirons que quelques mots des chaudières de chauffage chauffées par le gaz, leur emploi n'étant pas courant, en raison du prix auquel ce combustible est vendu actuellement. Ces chaudières sont intéressantes pour les chauffages intermittents, chauffages auxiliaires (chauffage de salles d'opérations, chaudières de pointe, de mi-saison, etc.), services d'eau chaude, chauffage de petits appartements, bureaux, etc.

On peut classer les chaudières au gaz en deux catégories :

1° les chaudières mixtes, c'est-à-dire à combustibles solides transformées pour l'emploi du gaz.

2° les chaudières spécialement établies pour le chauffage au gaz.

Chaudières mixtes. — On substitue au foyer un système de brûleur circulaire ou rectangulaire suivant le type de chaudière à jets convergents ou à chicane épanouissant la flamme.

Certains constructeurs installent au-dessus des brûleurs une sorte de champignon en réfractaire, porté au rouge par les flammes.

La transformation du système de chauffage au gaz en chauffage au combustible solide est facile en cas d'arrêt ou de restriction de la fourniture du gaz.

Ces chaudières doivent être munies d'un système de régulation automatique agissant sur l'admission de gaz et d'air primaire.

Néanmoins certains constructeurs utilisent le régulateur ordinaire qui manœuvre le clapet d'admission d'air au foyer à combustible solide. Au lieu d'actionner ce clapet, le levier du régulateur actionne l'ensemble du pointeau d'admission de gaz et du disque d'air primaire qui sont normalement ouverts sous l'action d'un contre poids.

Chaudières spéciales au gaz. — Celles-ci se construisent en tôle, en cuivre ou en fonte. Leurs dispositions sont très variées et la description de tous les types nous entraînerait trop loin ; certaines chaudières ont été conçues pour pouvoir s'installer dans des cheminées d'appartement [1].

En raison de leur marche généralement intermittente, le volume d'eau des chaudières à gaz est faible. Le contact des gaz chauds et de la vapeur d'eau avec les parois mouillées doit être prolongé le plus possible et on retarde généralement l'évacuation au moyen de chicanes en réfractaire. Les deux phases, combustion et chauffage doivent être bien distinctes, c'est-à-dire que le contact des gaz et des parois ne doit se faire qu'après combustion complète. Les gaz de combustion étant toujours acides, la fonte est le métal le plus recommandable pour la construction des chaudières à gaz.

Ces chaudières sont munies de régulateurs automatiques qui peuvent se classer en appareils à pointeau, étranglant l'admission du gaz, et en appareils à niveau de mercure.

Les premiers reposent sur le principe ci-après : le pointeau ou autre dispositif d'étranglement du gaz est manœuvré par un tube rempli d'un liquide spécial ou par une tige métallique qui se dilate sous l'influence de la température de l'eau de la chaudière.

Les régulateurs à niveau de mercure se composent d'une pièce métallique fixe qui laisse passage au gaz entre sa base et la surface libre d'un bain de mercure contenu dans une autre pièce qui est soumise à l'action de la température de l'eau ; lorsque

---

[1] Voir communication de M. Jacques Lévy, Ingénieur à la Société du gaz de Paris, au Congrès de Chauffage et ventilation de Strasbourg, en 1923.

le mercure se dilate, son niveau s'élève et réduit la section de passage du gaz.

Certaines chaudières sont munies de dispositifs de sécurité empêchant que la distribution du gaz aux brûleurs ne puisse se faire avant l'allumage d'une veilleuse ou d'obturateurs automatiques des conduites de gaz en cas de chute excessive de pression.

Évacuation des produits de la combustion des chaudières à gaz. — En général, les chaudières à gaz offrent toutes garanties au point de vue fonctionnement à la condition, comme pour les chaudières à combustible liquide, que leur installation soit faite par des spécialistes au courant, non seulement des questions de chauffage central, mais aussi de celles relatives à l'emploi du gaz.

Un foyer à gaz se comporte tout autrement qu'un foyer à charbon et il en diffère totalement au point de vue de la nature des gaz produits par la combustion. Ceux-ci sont tellement différents qu'il est souvent impossible d'utiliser un conduit de fumée ordinaire pour leur évacuation. En voici les raisons :

Les principaux produits résultant de la combustion du gaz de ville sont :

de l'acide carbonique ;
de l'azote ;
de la vapeur d'eau ;
de l'air en excès comme comburant.

Voyons quelle peut être l'influence de ces produits sur le tirage.

1° l'acide carbonique : sa densité par rapport à celle de l'air est 1,520. Pour que sa densité soit inférieure à celle de l'air à 0° il faut que sa température atteigne au moins 143°, température qui n'est jamais atteinte dans une cheminée de chaudière à gaz. L'acide carbonique forme donc un poids mort que les autres gaz sont obligés de véhiculer et plus le mélange se refroidit, plus il devient gênant, bien que la proportion de 6 à 7 % du poids total évacué que représente ce gaz atténue quelque peu cet inconvénient qui n'en est pas moins un.

2° la vapeur d'eau, dont la densité est 0,622 par rapport à l'air, serait un agent favorable au tirage, si elle ne disparaissait pas par condensation. Il y a environ 0,900 kgr. de vapeur d'eau dans les produits de la combustion d'un mètre cube de gaz. Nous verrons plus loin les dispositions à prendre pour l'évacuation de cette vapeur d'eau condensée.

3° l'azote, densité 0.970, est un peu plus léger que l'air extérieur et contribue au tirage.

4° l'air en excès, dont la température est légèrement supérieure à celle de l'air extérieur, favorise le tirage.

A la sortie de la chaudière, les produits gazeux se trouvent dans des conditions favorables au tirage ; leur température, bien que peu élevée, est néanmoins suffisante pour déterminer un mouvement ascendant dans la cheminée. Malheureusement, la température du mélange décroît rapidement au contact des parois de celle-ci. Le refroidissement des gaz provoque la condensation de la vapeur d'eau en suspension, laquelle se condense le long des parois de la cheminée, entraînant de ce fait la disparition de l'agent le plus favorable au tirage.

Si cela n'entraînait pas une réduction notable du rendement de la chaudière, on pourrait évacuer les gaz à une température suffisamment élevée pour éviter la condensation de la vapeur d'eau ; mais encore faudrait-il que la cheminée soit bien protégée contre le refroidissement.

On peut également éviter la condensation en introduisant dans la cheminée une certaine quantité d'air additionnel dont l'effet est de diluer la vapeur d'eau dans un volume de gaz plus grand et, par conséquent, d'abaisser le point de saturation.

Dans ce cas, le volume total de gaz que doit entraîner la cheminée est de beaucoup supérieur à celui des gaz de la combustion et nécessite une augmentation de sa section.

En admettant un excès d'air suffisant, on a pu évacuer les gaz d'une chaudière à moins de 50°.

Parfois, on condense la vapeur d'eau dans la chaudière, ce qui permet d'en augmenter le rendement.

Les produits de la combustion du gaz contiennent toujours néanmoins de la vapeur d'eau acidulée, pouvant endommager les cheminées en poterie ordinaire et il est à conseiller d'employer le grès vernissé.

Si l'on emploie, ce qui n'est pas à conseiller, des cheminées verticales en tôle galvanisée, les joints doivent être faits le grand diamètre en haut pour que les eaux de condensation ne suintent pas à l'extérieur des conduits. Les coudes lisses seront employés de préférence et dans les tuyaux qui ne sont pas verticaux, les agrafes ou les rivets doivent être au-dessus.

Il est à recommander de placer à la base des cheminées un dispositif de purge, permettant de recueillir les eaux de condensation à envoyer à un égout.

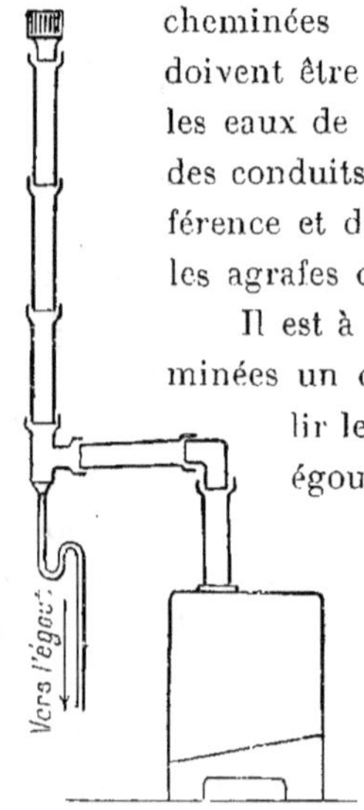

La figure 43 représente une bonne disposition d'un conduit d'évacuation.

Quels que soient les matériaux choisis, il est recommandable de protéger la cheminée contre les déperditions par des matériaux calorifuges ou un vide d'air [1].

Fig. 43.

Dans les usines disposant de gaz pauvre, on peut très bien utiliser ce combustible pour le chauffage des foyers des chaudières.

Le gaz pauvre est envoyé au moyen d'un ventilateur de surpression à un ou plusieurs brûleurs placés dans la porte de décrassage du foyer ou dans celui-ci, la grille étant protégée par une couche de réfractaire.

---

[1] L'Office technique du chauffage à Paris, 56, rue Laffitte, a publié une étude très documentée et très complète relative à la question de l'évacuation des produits de la combustion des chaudières à gaz de ville.

Bibliographie et sources de documentation.

Debesson : *Le chauffage des habitations.*

De Grahl-Schubert : *Fonctionnement du chauffage central.*

Izart : *Méthodes économiques de combustion dans les chaudières à vapeur.*

Williams : *Considérations sur la combustion du charbon.*

Hoehn : *La lutte contre la rouille et les corrosions dans les chaudières à vapeur.*
    Calcul des cheminées.

Comptes-rendus du Congrès de Chauffage et Ventilation (Strasbourg, 1923 et Paris 1925).

Revues : *Chauffage et Industries sanitaires.*
    Hygiène du Bâtiment et de l'Usine.
    Chauffage. Ventilation.
    Le Plombier français.
    Heating and Ventilating Magazine.
    Gesundheitsingenieur.
    Chaleur et Industrie.

Comp. Occident. des produits du pétrole : *De l'emploi des combustibles liquides.*

Cuénod : *Brûleurs pour combustibles liquides et réglage des chaufferies.*

Compte-rendu des Conférences de M. Debesson à l'Association des Ingénieurs de Chauffage et Ventilation de France (17 juin 1921 et 23 octobre 1925).

Léon Gérard : *Le Mazout* (Extrait de *Organisation et Production*).

Table des matières.

Imp. G. THONE, Liége (Belgique) — 7-11-1927

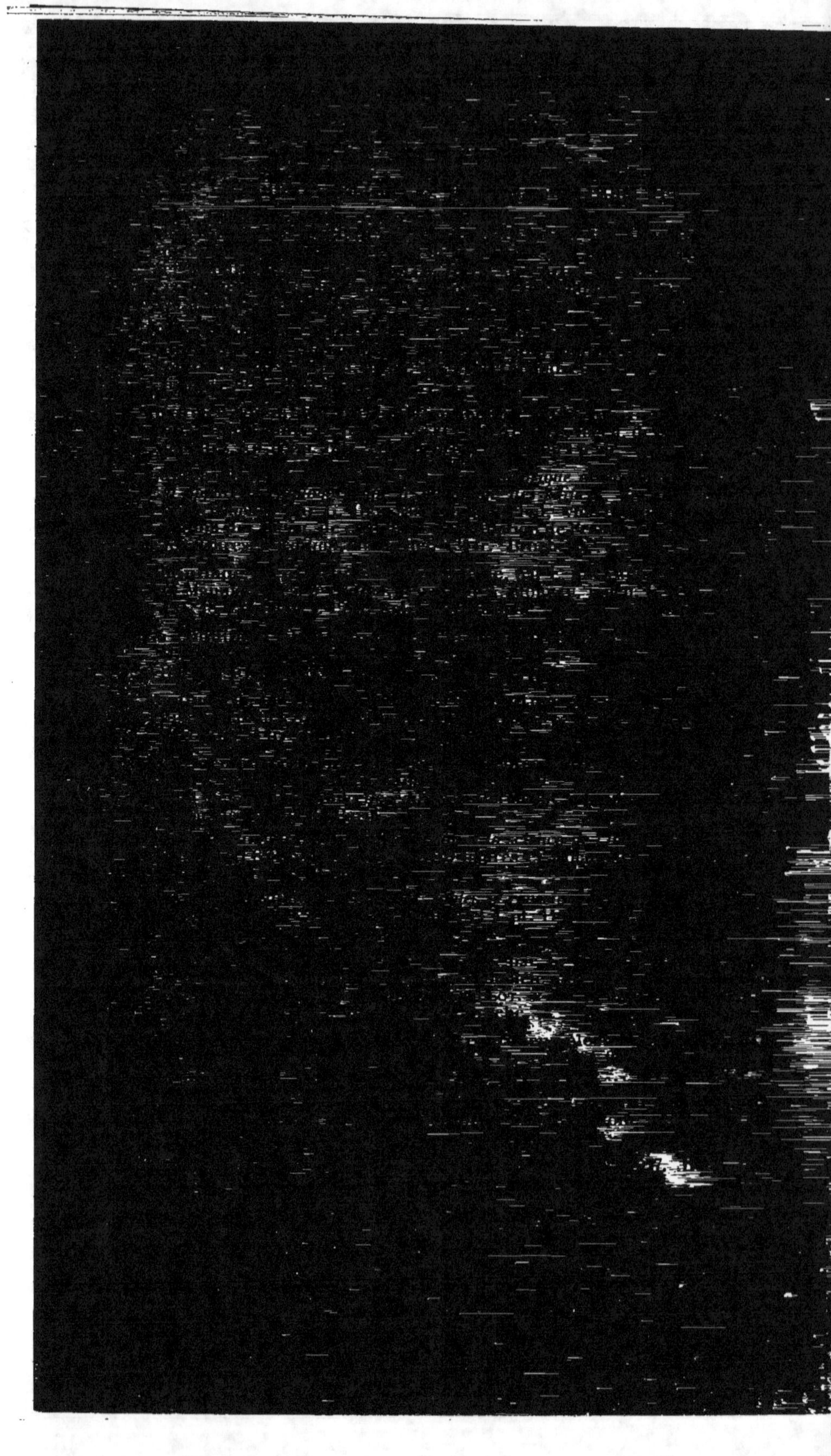

www.ingramcontent.com/pod-product-compliance
Lightning Source LLC
LaVergne TN
LVHW020541060726
842525LV00004B/1259